Heidelberger Taschenbücher Band 2

Karl Heinz Hellwege

Einführung
in die Physik der Atome

Vierte, verbesserte Auflage

Mit 80 Abbildungen

Springer-Verlag Berlin · Heidelberg · New York 1974

Professor Dr. KARL HEINZ HELLWEGE

Technische Hochschule Darmstadt

ISBN 3-540-06565-2 Springer-Verlag Berlin Heidelberg New York
ISBN 0-387-06565-2 Springer-Verlag New York Heidelberg Berlin

ISBN 3-540-04862-6 Dritte, verbesserte Auflage Springer-Verlag Berlin Heidelberg New York
ISBN 0-387-04862-6 Third, improved edition Springer-Verlag New York Heidelberg Berlin

Vorwort zur vierten Auflage

Auch bei dieser, infolge der unveränderten Nachfrage erforderlich gewordenen Neuauflage wurden nur geringfügige Verbesserungen vorgenommen. Die atomaren Konstanten und die (etwas erweiterte) Energie-Umrechnungstabelle sind jetzt in den seit 1970 gesetzlich eingeführten SIU-Einheiten (Système International d'Unités) angegeben. Außerdem sind in einem Anhang die Eigenzustände des Kepler-Problems explizit definiert und bis zu $n = 4$ tabellarisch zusammengestellt.

Darmstadt, Januar 1974   K. H. H.

Vorwort zur dritten Auflage

Die Neuauflage ist im wesentlichen ein Wiederabdruck der 2. Auflage. Einige Fehler und mißverständliche Formulierungen wurden beseitigt. Desgleichen wurde die kurze Darstellung der Spektren von Ionen in Kristallfeldern weggelassen, da sie jetzt ausführlicher an anderer Stelle [1] steht. Die internationalen Empfehlungen zum Maßsystem (1960) und zu den atomaren Konstanten (1963) wurden berücksichtigt, d. h. es wird (bis auf einen Faktor μ_0 bei der Definition des magnetischen Momentes, der beibehalten wurde) im rationalen MKSA-System gerechnet, und die Konstanten werden in den internationalen Einheiten des MKSA-Systems angegeben.

Darmstadt, Dezember 1969   K. H. H.

Vorwort zur zweiten Auflage

Für die Neuauflage wurde die Darstellung der Mehrelektronensysteme und der Strahlungsprozesse etwas erweitert. Der methodische Charakter des Buches blieb ungeändert. Es soll nach wie vor nicht mehr als ein nützliches Taschenbuch für Studenten und Lehrer sein.

Darmstadt, April 1964   K. H. H.

---

[1] K. H. HELLWEGE: Einführung in die Festkörperphysik II. Heidelberger Taschenbücher Bd. 34, 1970.

Aus dem Vorwort zur ersten Auflage

Der vorliegende Notdruck enthält die Niederschrift einer zweistündigen Vorlesung, die ich mehrfach für jüngere Semester gehalten habe. Die Vorlesung war als Einführung gedacht und hatte als solche zunächst die Aufgabe, dem Anfänger die methodischen Grundlagen der Quantenphysik zu erläutern. Gleichzeitig sollte sie aber auf dem Spezialgebiet der Elektronenhülle der Atome auch sachlich so weit führen, daß der Hörer sich an Hand ausführlicher Darstellungen über Atomspektren selbst weiterhelfen konnte.

Die didaktische Absicht steht also auch in dem vorliegenden Büchlein im Vordergrund. Deshalb ist mehr Wert auf methodische Lückenlosigkeit als auf stoffliche Vollständigkeit gelegt. — Gerechnet wird im internationalen m-kg-Volt-Ampère-System. Die formelmäßigen Änderungen beim Übergang zum CGS-System sind auf den Umschlagseiten angegeben.

Göttingen, Juli 1949

Inhaltsverzeichnis

* vor der Ziffer kennzeichnet die stärker theoretischen Abschnitte, die zunächst übergangen werden können

A. Grundtatsachen und Grundbegriffe

1. Molbegriff und Massen der Atome

Der aus philosophischen Systemen des griechischen Altertums übernommene Atombegriff hat seine exakte naturwissenschaftliche Formulierung zuerst in der atomistischen Deutung des *Gesetzes der einfachen* und *multiplen Proportionen* durch JOHN DALTON (1808) erhalten. Dieses Grundgesetz der messenden Chemie besagt, daß sich die chemischen Elemente nur in festen Mengenverhältnissen miteinander umsetzen. Es wird folgendermaßen gedeutet: Die chemischen Elemente bestehen aus gleichen Grundbausteinen, *Atomen,* die sich in bestimmten geometrischen Anordnungen zu *Molekeln* zusammensetzen können. Dabei werden die relativen Anzahlen der miteinander reagierenden Atome und Molekeln, d. h. die relativen Stoffmengen, durch die Reaktionsgleichung, z. B.

$$2\,Mg + O_2 = 2\,MgO$$

angegeben. Die relativen Massen der beteiligten Atome und Molekeln ergeben sich aus den bei der Reaktion umgesetzten Massen.

Die *Stoffmenge* M^* einer aus gleichen Molekeln (Atomen) bestehenden Substanz wird angegeben in der *unabhängigen Einheit* 1 Mol (Formelzeichen: 1 mol). Sie wird experimentell bestimmt entweder
1. durch Abzählung, d. h. durch Bestimmung der Anzahl N der in der Menge vorhandenen Molekeln (Atome), oder
2. durch Wägung, d. h. durch Bestimmung der Masse M der Stoffmenge.
Beide gemessenen Größen sind der Stoffmenge proportional:

$$N = N_L \cdot M^*$$
$$M = (M) \cdot M^* \tag{1.1}$$

wobei

$$N_L = \frac{N}{M^*}\,mol^{-1} \tag{1.2}$$

die *Loschmidtsche* Konstante [1] und

$$(M) = \frac{M}{M^*}\,g\,mol^{-1} \tag{1.3}$$

das Molekulargewicht (Atomgewicht) ist [2].

---

[1] Im angelsächsischen Sprachbereich Avogadro's number.

[2] Das Molekulargewicht ergibt sich hier als benannte Größe, da wir die Stoffmenge M^* als *unabhängige* Größe eingeführt und weder mit ihrer Masse noch ihrer Molekelzahl identifiziert haben.

Die Loschmidtsche Konstante gibt die Molekelzahl je Mol, das Molekulargewicht die Masse je Mol an. Die *Einheit* 1 Mol wird durch Abzählen definiert, d. h. 1 Mol jeder beliebigen Substanz soll jeweils gleichviel Molekeln enthalten, N_L also eine stoffunabhängige, universelle Konstante sein. Ihr Zahlenwert ist in historischer Folge durch verschiedene Bezugssubstanzen festgelegt worden. Folgende Stoffmengen-Skalen [1] wurden und werden benutzt:

1. *Die chemische Sauerstoff-Skala:* $N_{L\text{chem.}}$ ist die Anzahl von O-Atomen je 16,000 ... g von natürlichem Sauerstoff, dem damit zugleich das Atomgewicht

$$(M_O)_{\text{chem.}} = 16,000 \ldots \text{g mol}^{-1}_{\text{chem.}}$$

gegeben wird. Damit folgt (Meßmethode siehe in Abschn. 4) universell für jede beliebige Substanz

$$N_{L\text{chem.}} = 6,02320 \cdot 10^{23} \text{ mol}^{-1}_{\text{chem.}} \tag{1.4}$$

Natürlicher Sauerstoff ist ein Gemisch der Isotopen $O^{16} : O^{17} : O^{18}$ in einem Anzahlenverhältnis von etwa 2500 : 1 : 5. Da sich die Mischung bei manchen Reaktionen ändert, hängt die Anzahl von Atomen in 16,000 g Sauerstoff von der Vorgeschichte ab, und N_L ist nicht eindeutig definiert.

2. *Die physikalische Sauerstoffskala* vermeidet diese Unsicherheit. $N_{L\text{phys.}}$ ist definiert durch die Anzahl von Atomen in einer isotopen-reinen O^{16}-Probe der Masse 16,000 ... g. Es wird

$$(M_{O^{16}})_{\text{phys.}} = 16,000 \ldots \text{g mol}^{-1}_{\text{phys.}}$$

Da O^{16} das leichteste O-Isotop ist, sind jetzt mehr Atome in 16 g Sauerstoff. Mit dem angegebenen Mischungsverhältnis wird

$$N_{L\text{phys.}} = (6,02500 \pm 0,0002) \cdot 10^{23} \text{ mol}^{-1}_{\text{phys.}} \tag{1.5}$$

3. *Die neue C^{12}-Skala* (seit 1961 verbindlich). Aus chemischen Gründen ist Kohlenstoff geeigneter als Sauerstoff. Man definiert für das Isotop C^{12}

$$(M_{C^{12}})_n = 12,000 \ldots \text{g mol}^{-1}_n$$

und bekommt

$$N_{Ln} = (6,02217 \pm 0,00004) \cdot 10^{23} \text{ mol}^{-1}_n \tag{1.6}$$

Ist m die Masse einer Molekel, so wird (in jeder Stoffmengenskala) nach (1.1)

$$M = Nm = N_L \cdot m \cdot M^* = (M) \cdot M^*$$

d. h.

$$N_L \cdot m = (M) \tag{1.7}$$

Die Massen verschiedener Molekeln verhalten sich also wie ihre Molekulargewichte:

$$m_1 : m_2 : \ldots = (M_1) : (M_2) : \ldots \tag{1.8}$$

d. h. mit den Molekulargewichten sind bereits die *relativen* Molekelmassen bekannt.

---

[1] Festsetzung durch die internationale Atomgewichtskommission.

Zur *Absolut*bestimmung der Massen muß wegen

$$m = \frac{(M)}{N_L} \tag{1.9}$$

außerdem noch die Loschmidtsche Konstante bekannt sein.

Die Masse einer Molekel ist unabhängig von der benutzten Stoffmengenskala. Deshalb ändert sich mit N_L auch das Molekulargewicht (M) der Substanz beim Wechsel der Skala.
Nach (1.9) ist

$$m = \frac{(M)_{chem.}}{N_{L\,chem.}} = \frac{(M)_{phys.}}{N_{L\,phys.}} = \frac{(M)_n}{N_{Ln}}$$

d. h.

$$(M)_{chem.} : (M)_{phys.} : (M)_n = N_{L\,chem.} : N_{L\,phys.} : N_{Ln}$$

$$= 1,00017 : 1,00047 : 1,000000 \tag{1.10}$$

In der C^{12}-Skala ist

$$m = (M)_n / N_{Ln} = 1,66053 \cdot 10^{-24} \, mol_n \cdot (M)_n \tag{1.10 a}$$

Für eine Molekel der hypothetischen Substanz mit dem Molekulargewicht $(M)_n = 1 \, g \, mol_n^{-1}$ ergibt sich die Masse

$$m_0 = 1,66053 \cdot 10^{-24} \, g$$

Sie ist $^1/_{12}$ der Masse eines C^{12}-Atoms und wird als die atomare Masseneinheit bezeichnet [1].

Als Beispiele ergeben sich folgende Atommassen (gemittelt über die stabilen Isotope):

$$m_H = 1,67 \cdot 10^{-24} \, g \quad m_O = 26,56 \cdot 10^{-24} \, g \quad m_{Pb} = 344,00 \cdot 10^{-24} \, g$$

an denen uns zunächst nur die Größenordnung $10^{-24} - 10^{-22} \, g$ interessiert.

2. Größe der Atome

Einen ersten Überblick über die Größe der Atome liefert bereits die *kinetische Gastheorie,* wenn man als einfachstes Modell der Atome starr-elastische Kugeln eines wohl definierten Radius r (Billardkugeln) benutzt. Dieser Radius tritt zunächst in der durch die endliche Raumerfüllung der Molekeln bedingten Konstanten b der *van der Waalsschen Zustandsgleichung*

$$\left(p + \frac{a}{V_s^2} \right) (V_s - b) = R T$$

$$\left(V_s = \frac{V}{M^*} = \text{molares Volum des Gases} \right)$$

in der Form

$$b = 4 \cdot N_L \cdot \frac{4\pi}{3} \, r^3 \tag{2.1}$$

---

[1] Englisch: 1 atomic mass unit = 1 amu.

auf. Ferner bestimmt der Radius natürlich die Trefferwahrscheinlichkeit für die infolge der thermischen Bewegung stattfindenden Zusammenstöße, d. h. die freie Weglänge Λ und somit die Zähigkeitskonstante

$$\eta = \text{const.} \ \sqrt{(M)} \cdot T \cdot \frac{1}{N_L \cdot r^2} \, . \qquad (2.2)$$

Setzt man N_L als bekannt voraus, so ergibt sich der Atomradius r aus Messungen der Zähigkeit oder aus der Bestimmung der Konstanten b, etwa durch Isothermenmessungen. Einige so bestimmte r-Werte sind in den beiden ersten Spalten der Tabelle 1 enthalten.

Tabelle 1. *Molekelradius* r, *Einheit:* 10^{-10} m

	aus b	aus η	aus Gitterabstand
He	1,33	0,91	1,76
Ne	1,19	1,13	1,59
Ar	1,48	1,49	1,91
Kr	1,59	1,61	2,01
Xe	1,73	1,77	2,20
H₂	1,30	1,11	
N₂	1,57	1,61	
O₂	1,47	1,51	

Die dritte Spalte enthält die Ergebnisse einer von den bisher genannten völlig unabhängigen Methode. Aus der Beugung von Röntgenstrahlung in dem räumlichen Kristallgitter verfestigter Gase ermittelt man den Abstand der Atome im festen Zustand. Deutet man wieder roh modellmäßig die Gitterstruktur als engste Packung starrer Kugeln, so ist deren Radius gleich dem halben Atomabstand.

Wie aus der Tabelle 1 hervorgeht, ergeben alle drei Methoden die gleiche Größenordnung von 1 Å = 10^{-10} m [1]. Das trifft auch noch zu für die zum Vergleich angeführten zweiatomigen Molekeln, für die die starr-elastische Kugel ganz sicher ein viel zu rohes Modell ist. Diese Einschränkung muß jedoch auch für Atome gemacht werden, denn die aus dem Kristallgitter bestimmten r-Werte sind wesentlich größer als die nach den beiden gaskinetischen Methoden bestimmten. Ein Atom hat also keineswegs einen so scharf angebbaren Radius wie etwa eine Billardkugel. Der *Atomradius* ist nur sehr unscharf und auch nicht unabhängig von der Meßmethode definiert. Tatsächlich liefern ja auch die beiden gaskinetischen Methoden etwa den Abstand, bis auf den sich die Atome bei thermischen Zusammenstößen nähern, die Gitterkonstante dagegen liefert den Gleichgewichtsabstand, der sich durch das Kräftespiel zwischen vielen Nachbaratomen im Kristall einstellt. Alle Methoden ergeben [2] in der Reihe der Edelgase ein Anwachsen der Atomgröße mit dem Atomgewicht.

Aufgabe 1. Berechne annähernd den Radius von Na⁺ und Cl⁻-Ionen aus der Dichte $\varrho = 2,17$ g cm⁻³ des Steinsalzkristalls unter den vereinfachenden Annahmen: 1. $r_{Na^+} = r_{Cl^-}$, 2. die Ionen sind würfelartig angeordnet, also Gitterkonstante gleich $r_{Na^+} + r_{Cl^-}$.

---

[1] 1 Å = 1 Ångström-Einheit.

[2] Abgesehen von dem sich auch sonst ungewöhnlich verhaltenden Helium.

B. Der elektrische Aufbau der Materie

Zu der aus der Chemie stammenden Vorstellung vom *atomistischen* Aufbau der Materie hat seit der Mitte des vorigen Jahrhunderts die Physik die Vorstellung eines *elektrischen* Aufbaus der Materie hinzugefügt. Vor allem die Erscheinungen der Elektrolyse, der Gasentladungen, und schließlich die Emission von Elektrizitätsträgern durch radioaktive Substanzen und glühende Metalle sind sichere experimentelle Beweise für die Existenz von elektrisch geladenen Partikeln in der Materie. Die notwendige Verbindung mit der Atomvorstellung wird durch die *Hypothese* hergestellt, daß die *Atome selbst* aus elektrisch geladenen *Korpuskeln,* zu denen vor allem die Elektronen gehören, *aufgebaut sind.* Diese Hypothese verlangt die Beantwortung folgender drei Fragen, mit denen wir uns im wesentlichen beschäftigen werden:

1. Welche Eigenschaften haben diese Korpuskeln?
2. In welcher Anzahl und Anordnung sind sie in einem Atommodell anzubringen?
3. Wie folgen aus einem derartigen Modell die makroskopisch beobachtbaren Eigenschaften der Materie?

Wir beginnen zunächst mit der Besprechung der den elementaren Partikeln zukommenden Ladung.

3. Die elektrische Elementarladung

Das grundlegende Experiment ist die Bestimmung der *elektrischen Elementarladung* im Schwebekondensator (MILLIKAN 1910).

In einen Plattenkondensator mit vertikal gerichtetem Feld werden durch einen Zerstäuber winzige Öltröpfchen hineingeblasen, von denen ein Teil durch den Zerstäubungsprozeß oder durch nachträgliche Belichtung mit ionisierender Röntgenstrahlung aufgeladen wird. Auf ein mit der Ladung q geladenes Tröpfchen wirkt dann die um den Auftrieb korrigierte Schwerkraft nach unten, die elektrische Kraft qE je nach Polung nach oben oder unten und schließlich die Stokessche Reibungskraft $6 \pi \eta r v$ entgegengesetzt der Bewegungsrichtung. Man kann also durch geschicktes Umpolen des Feldes ein geladenes Tröpfchen abwechselnd schnell absinken und langsam wieder aufsteigen [1] lassen und diese Bewegung bei Dunkelfeldbeleuchtung des Teilchens im Mikroskop mit Okularmikrometer verfolgen, d. h. die wegen der Reibungskraft zeitlich konstanten Geschwindigkeiten v_1 und v_2 in den beiden Bewegungsrichtungen messen.

---

[1] Im Grenzfall läßt es sich in der Schwebe halten. Doch gibt dies wegen der Brownschen Bewegung schlechte Ergebnisse.

Die Bewegungsgleichungen sind also:

1. Abwärtsbewegung:

$$\frac{4\pi}{3} r^3 (\varrho_{\text{Öl}} - \varrho_{\text{Luft}}) g + qE - 6\pi\eta r v_1 = 0. \tag{3.1}$$

2. Aufwärtsbewegung:

$$\frac{4\pi}{3} r^3 (\varrho_{\text{Öl}} - \varrho_{\text{Luft}}) g - qE + 6\pi\eta r v_2 = 0. \tag{3.2}$$

Durch Eliminieren des ebenfalls unbekannten Radius r des als kugelförmig angenommenen Tröpfchens ergibt sich hieraus die Ladung als

$$q = \frac{9\pi}{2E} \sqrt{\frac{\eta^3 (v_1 - v_2)}{g(\varrho_{\text{Öl}} - \varrho_{\text{Luft}})}} \cdot (v_1 + v_2). \tag{3.3}$$

Bei Präzisionsmessungen ist zu berücksichtigen, daß das Stokessche Reibungsgesetz streng genommen nur für die Bewegung einer makroskopischen Kugel in einem wirklichen Kontinuum gilt. Diese Voraussetzung ist jedoch nicht erfüllt. Die Tröpfchendurchmesser $2r$ sind nicht sehr groß gegen die freie Weglänge Λ der Luftmolekeln. Extrem kleine Tröpfchen können sogar gewissermaßen „zwischen den Luftmolekeln durchfallen". Die Anwendung der Stokesschen Formel bedarf also einer Berichtigung, für die das Verhältnis Λ/r maßgebend ist. Man hat in (3.3) die makroskopisch gemessene Zähigkeitskonstante η zu ersetzen durch

$$\eta' = \frac{\eta}{1 + A\dfrac{\Lambda}{r}}, \tag{3.4}$$

wobei A eine Konstante ist (Cunningham 1910).

Millikans Messungen hatten das grundlegende Ergebnis, daß die Ladung jedes Tröpfchens ein *Vielfaches* einer (positiven oder negativen) *kleinsten* Ladung, der sogenannten *Elementarladung*, ist[1]. Der heute beste Wert ihres Betrages ist

$$e = (1,602192 \pm 0,000007) \cdot 10^{-19} \text{ As.} \tag{3.5}$$

Aus der Richtung der Ablenkung frei fliegender Elektronen im Magnetfeld weiß man, daß die *Elektronen eine negative* Elementarladung tragen[2]. Die Ladung der Tröpfchen im Millikan-Versuch rührt davon her, daß sie entweder beim Zerstäuben zu wenig oder zu viel Elektronen mitbekommen, oder vom Röntgenlicht ionisiert werden oder vom Röntgenlicht ionisierte Luftmolekeln adsorbieren, also positive oder negative *Ionen* enthalten.

---

[1] Wegen der unvermeidlichen Meßfehler sind natürlich nur *kleine* Vielfache im Experiment beweiskräftig.

[2] Das positive Elektron (Positron) besitzt in Materie nur eine kurze Lebensdauer. Ein wasserstoffähnliches Atom, bestehend aus einem Elektron und einem Positron heißt Positronium (Aufgabe 10a).

4. Bestimmung von N_L aus der Elektrolyse

Die Kenntnis der Elementarladung ermöglicht die Bestimmung der Loschmidtschen Konstanten N_L aus dem Faradayschen *Äquivalentgesetz der Elektrolyse* (1833). Hiernach tritt bei der elektrolytischen Abscheidung der Menge M^* einer beliebigen Substanz an einer Elektrode die Elektrizitätsmenge pro Stoffmengeneinheit

$$\frac{I\,t}{M^*} = w \cdot (9{,}64867 \pm 0{,}00005) \cdot 10^4 \text{ As mol}_n^{-1} \qquad (4.1)$$

(I = Stromstärke, t = Versuchsdauer, w = Wertigkeit der abgeschiedenen Substanz) durch die Elektrode hindurch. Dieselbe Elektrizitätsmenge pro Mol ist, wenn die Ionen der Substanz die Ladung $z\,e$ tragen, gegeben durch

$$\frac{I\,t}{M^*} = N_L\,z\,e\,. \qquad (4.2)$$

Gleichsetzen gibt

$$z\,N_L\,e = w \cdot (9{,}64867 \pm 0{,}00005) \cdot 10^4 \text{ As mol}_n^{-1}, \qquad (4.3)$$

Berücksichtigung der Tatsache, daß z und w von der gerade untersuchten Substanz abhängig, ihre Faktoren auf beiden Seiten der Gl. (4.3) jedoch davon unabhängig sind, die wichtigen Beziehungen

$$w = z \qquad (4.4)$$

und

$$N_L\,e = (9{,}64867 \pm 0{,}00005) \cdot 10^4 \text{ As mol}_n^{-1}\,. \qquad (4.5)$$

Gl. (4.4) gibt den ersten Hinweis auf die elektrische Natur der chemischen Kräfte: die *Ionenwertigkeit* ist nichts anderes als die Ladungszahl der Ionen. Aus (4.5) folgt mit (3.5) der schon oben angegebene Wert

$$N_{Ln} = (6{,}02217 \pm 0{,}00004) \cdot 10^{23} \text{ mol}_n^{-1}\,. \qquad (4.6)$$

5. Die Elektronenmasse

Die Elektronenmasse m_e ist grundsätzlich meßbar durch die Beobachtung der Bewegung von Elektronen unter dem Einfluß von elektrischen und magnetischen Feldern. Doch zeigt bereits die allgemeinste Form der Bewegungsgleichung

$$\frac{d\mathfrak{u}}{dt} = -\frac{e}{m_e}(\mathfrak{E} + [\mathfrak{v}\,\mathfrak{B}]), \qquad
\begin{aligned}
&\mathfrak{v} = \text{Geschwindigkeit} \\
&\mathfrak{E} = \text{elektrische Feldstärke} \\
&\mathfrak{B} = \text{magnetische Kraftflußdichte}
\end{aligned} \qquad (5.1)$$

daß hier stets das Verhältnis e/m_e, die *spezifische Elektronenladung*, vorkommt. Diese wird gemessen, und m_e über e aus ihr berechnet.

Als Beispiel aus einer Reihe sehr verschiedenartiger Feldanordnungen behandeln wir eine Anordnung nach der Methode von BUSCH (1922).

Die aus der Glühkathode eines Braunschen Rohres (Abb. 1) austretenden Elektronen werden durch die Spannung U bis zur Blende B beschleunigt. Bei Vernachlässigung der verschieden großen thermischen

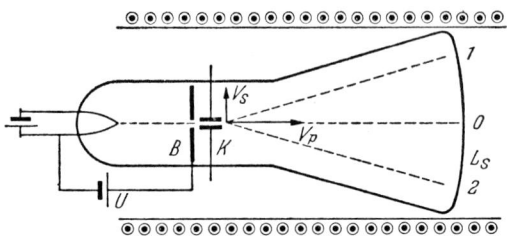

Abb. 1. Schema einer Anordnung von Busch zur Bestimmung von e/m_e: Braunsches Rohr in
einer achsenparallelen Magnetfeldspule

Geschwindigkeit verschiedener Elektronen beim Austritt aus der Kathode haben dann alle Elektronen dieselbe Geschwindigkeit

$$v_p = \sqrt{\frac{2\,e\,U}{m_e}} \qquad (5.2)$$

parallel zur Achse der Anordnung. Der Elektronenstrahl wird als
Punkt O auf der Achse des Leuchtschirms Ls beobachtet. Durch eine
Wechselspannung am Ablenkungskondensator K erhalten die Elektro-
nen eine Zusatzgeschwindigkeit v_s (δ) senkrecht zur Achse, d. h. sie werden um einen Winkel δ abgelenkt, so daß der Strahl zwischen den
Grenzlagen 1 und 2 hin und her pendelt und auf dem Leuchtschirm ein
Strich zwischen 1 und 2 beobachtet wird. Beim Einschalten eines achsenparallelen homogenen Magnetfeldes der Kraftflußdichte B führt die
Quergeschwindigkeit v_s zu einer Kreisbahn des Elektrons, deren Radius
R sich aus der Gleichgewichtsbedingung: Lorentzkraft gleich Zentrifugal-
kraft

$$e\,B\,v_s = \frac{m_e\,v_s^2}{R} \qquad (5.3)$$

als

$$R = \frac{m_e}{e}\,\frac{v_s}{B} \qquad (5.4)$$

ergibt, und die in der Zeit

$$t_s = \frac{2\,\pi\,R}{v_s} = \frac{2\,\pi}{B}\cdot\frac{m_e}{e} \qquad (5.5)$$

durchlaufen wird. Die Umlaufzeit ist also von v_s, d. h. vom Ablenkungswinkel δ unabhängig. Mit der Längsgeschwindigkeit v_p wird
das Elektron andererseits in der Zeit

$$t_p = \frac{l}{v_p} = l\cdot\sqrt{\frac{m_e}{2\,e\,U}} \qquad (5.6)$$

bis zum Schirm vorwärtsgeschoben, wobei l der Abstand zwischen Kondensator und Leuchtschirm ist. Es durchläuft also eine Schraubenbahn, die die Achse der Anordnung berührt. Regelt man Magnetfeld und Beschleunigungsspannung so ein, daß

$$t_s = t_p \qquad (5.7)$$

ist, so trifft jedes Elektron den Leuchtschirm wieder im Punkt O, da t_s vom Ablenkungswinkel unabhängig ist. Der Strich 1—2 wird auf den Punkt O zusammengezogen (Prinzip der magnetischen Elektronenlinse), und es ist in diesem Fall nach (5.5) und (5.6)

$$\frac{e}{m_e} = 8 \, \pi^2 \frac{U}{B^2 \, l^2} \, . \qquad (5.8)$$

Als bester Wert gilt heute

$$\frac{e}{m_{eo}} = (1{,}75880 \pm 0{,}00007) \cdot 10^{11} \text{ As kg}^{-1} \qquad (5.9)$$

und daraus mit (3.5)

$$m_{eo} = (9{,}10956 \pm 0{,}00005) \cdot 10^{-31} \text{ kg.} \qquad (5.10)$$

Elektronen sind also etwa 2000mal leichter als H-Atome. Dabei bedeutet der Index o, daß die Masse bestimmt ist bei Elektronengeschwindigkeiten, die sehr klein gegenüber der Lichtgeschwindigkeit sind ($m_{eo} = $ Ruhemasse).

Tatsächlich ist diese Kennzeichnung wichtig, denn man findet experimentell eine *Abhängigkeit der Masse von der Geschwindigkeit*. Ihre Bestimmung erfordert die Messung der Geschwindigkeit v. Als Beispiel erläutern wir die Methode von BUCHERER (1909). Die schnellen Elektronen entstammen der β-Strahlung eines radioaktiven Präparates Q im Innern eines sehr eng gebauten Plattenkondensators (Plattenlänge 5 cm, Plattenabstand 0,025 cm, siehe Abb. 2). Durch das elektrische Feld von etwa 4000 Volt/cm werden die Elektronen nach unten abgelenkt und treffen auf die Kondensatorplatte auf. Durch ein senkrecht zum elektrischen angebrachtes magnetisches Feld kann diese Ablenkung für Elektronen einer vorgegebenen Geschwindigkeit gerade aufgehoben werden,

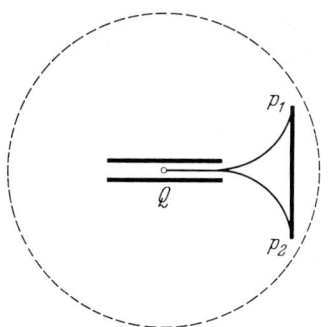

Abb. 2. Schema der Anordnung von BUCHERER. Q = β-Strahlenquelle im Plattenkondensator. Magnetfeld senkrecht zur Zeichenebene. Nur Elektronen einer einheitlichen, durch die Abmessungen des Kondensators und die beiden Feldstärken festgelegten Geschwindigkeit können den Kondensator verlassen und nach P_1 oder P_2 gelangen

so daß diese den Kondensator verlassen können, außerhalb dessen dann eine rein magnetische Ablenkung zum Punkt P_1 auf einer photographischen Platte erfolgt. Umpolen beider Felder liefert einen analogen

Punkt P_2. Aus dem Abstand beider Punkte ergibt sich die spezifische Elektronenladung. Die Hauptschwierigkeit der Methode ist die Berücksichtigung des Kondensatorstreufeldes. Die Meßergebnisse lassen sich durch die Formel

$$m_e = \frac{m_{e0}}{\sqrt{1-\beta^2}}, \quad \beta = \frac{v}{c}, \tag{5.11}$$

darstellen, wobei c die Lichtgeschwindigkeit im Vakuum bedeutet (Abb. 3). Diese hier für Elektronen experimentell begründete Beziehung gilt als allgemeine Aussage der speziellen Relativitätstheorie für die Massen *aller* bewegten Körper (A. EINSTEIN 1905).

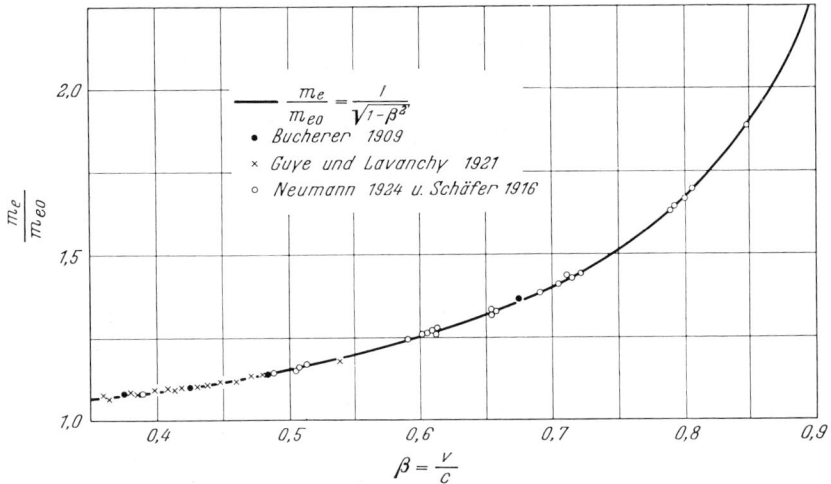

Abb. 3. Abhängigkeit der Elektronenmasse von der Geschwindigkeit

Aufgabe 2. Berechne für die Anordnung von BUCHERER die zur Kompensation der elektrischen Ablenkung gebrauchte magnetische Kraftflußdichte B, sowie den Abstand P_1—P_2 für Elektronen der im Experiment benutzten Geschwindigkeiten $v = 1 \cdot 10^8$ msec^{-1}, $2 \cdot 10^8$ msec^{-1} und $2,9 \cdot 10^8$ msec^{-1}. Streufeld vernachlässigen, elektrische Feldstärke im Kondensator 4000 V cm^{-1}, Abstand Kondensatorrand—Photoplatte gleich 5 cm.

6. Andere geladene Partikel

Selbstverständlich lassen sich auf grundsätzlich gleiche Art, nämlich durch Kombination von elektrischen und magnetischen Feldern, die spezifischen Ladungen und damit Massen auch anderer geladener Partikel bestimmen, z. B. die der Ionen von Atomen und Molekeln. In der technisch zu höchster Präzision entwickelten *Massenspektroskopie* hat sich hier ein experimenteller Forschungszweig von höchster Bedeutung

entwickelt, auf den wir jedoch nicht näher eingehen können. Wir geben
nur noch die später gebrauchte Ruhemasse der aus der Radioaktivität
bekannten, zweifach geladenen α-Teilchen (He^{++}-Ionen) an:

$$m_{a0} = 6{,}64462 \cdot 10^{-27} \text{ kg}. \qquad (6.1)$$

α-Teilchen sind also etwa 7300mal so schwer wie Elektronen.

C. Ladungs- und Massenverteilung im Atom
Das Rutherfordsche Atommodell

Da die Atome aus großem Abstand gesehen elektrisch neutral sind,
müssen sie neben Elektronen auch positiv geladene Partikel enthalten.
Da schon das leichteste Atom, das H-Atom, etwa 2000mal so schwer ist
wie das Elektron, müssen die Atome entweder etwa 2000 (beim H)
bis 500 000 (beim U) Partikel von etwa Elektronenmasse oder aber
wenige Elektronen und wenige sehr schwere Partikel enthalten. Die
letzte, schon durch die Existenz des α-Teilchens nahegelegte Vorstellung
wird experimentell als die richtige erwiesen durch die Beobachtungen
beim Durchgang von α-Teilchen durch Materie.

7. Nebelkammerbahnen

Abb. 4 zeigt die Photographie der Bahnen einiger α-Teilchen in der
Wilsonschen Nebelkammer. Die Nebelkammer ist im Prinzip ein mög-

a   b

Abb. 4. Nebelkammerbahnen. In beiden Bildern je ein Stoß auf den Atomkern. a) α-Teilchen
in Wasserstoff. Der leichte Wasserstoffkern erleidet einen starken Rückstoß, das α-Teilchen ist
wenig abgelenkt. b) α-Teilchen in Helium. Beim Stoß zwischen zwei Teilchen gleicher Masse ist
der Winkel zwischen den Bahnen nach dem Stoß ein rechter (hier perspektivisch gesehen)

lichst staubfrei gehaltenes, abgeschlossenes Gefäß, dessen Innenraum
adiabat vergrößert werden kann. Hält man durch einen eingebrachten
Wassertropfen die Luft bei Normalstellung der Kammer mit Wasserdampf gesättigt, so tritt bei adiabater Expansion infolge der Abkühlung
Kondensation an gerade vorhandenen Kondensationskernen ein. Als
solche wirken im Gasraum vor allem Ionen. Im geradlinigen Teil der
Bahn hat das α-Teilchen die Molekeln des Kammergases ionisiert und
so Kondensationskerne für den Wasserdampf gebildet, d. h. es ist mit
den Elektronen „zusammengestoßen", dabei wegen seiner viel größeren
Masse jedoch nicht abgelenkt worden. An einigen Stellen ist aber die
Bahn gegabelt. Hier ist offenbar das α-Teilchen mit einem Teilchen zusammengestoßen, von dem es abgelenkt wurde und dem es einen Rückstoß gegeben hat. Das ist nur bei einem Stoßpartner mit einer Masse
von gleicher Größenordnung möglich. Derartige Zusammenstöße kommen, verglichen mit den ionisierenden Stößen, nur sehr selten vor,
woraus sich die Vermutung ergibt, daß diese Teilchen selten und außerdem klein gegenüber den Dimensionen des ganzen Atoms sind.

Aufgabe 3. Mit Hilfe von Energie- und Impulssatz für den Stoß eines
Teilchens (Masse m_1, Geschwindigkeit $\vec{u}_1$) auf ein ruhendes Teilchen (m_2) zeige
man, daß im Impulsvektordreieck der Endpunkt des Impulses des zweiten
Teilchens ($m_2\,\vec{v}_2$) nach dem Stoß auf einem Kreis liegt (Radius, Mittelpunkt?).
Dann berechne man zum gegebenen Ablenkungswinkel α des stoßenden Teilchens dessen Energie $m_1\,v_1{}^2/2$ sowie Flugrichtung und Energie des zweiten
Teilchens nach dem Stoß. Schließlich bestimme man noch den Winkel zwischen
den Bahnen beider Teilchen nach dem Stoß als Funktion des Massenverhält-
nisses. — Diskussion! Vergleiche Abb. 4.

8. Streuung von α-Teilchen an Atomkernen

Wir präzisieren diese Vorstellung zu folgendem Modell (RUTHER-
FORD 1913). Jedes Atom enthält *eine* Z-fach positiv geladene Partikel,
den *Atomkern*, deren Masse den größten Teil der Atommasse darstellt,
und zum Ladungsausgleich Z Elektronen. Die im Streuversuch (Abb. 5)
beobachtete Ablenkung der auf das Atom geschossenen α-Teilchen wird
nach diesem Modell durch die Coulombsche Abstoßungskraft zwischen
α-Teilchen und Kern bewirkt. Betrachten wir nur die Streuung an sehr
schweren Atomen, so können wir näherungsweise den Rückstoß des
Atomkerns vernachlässigen. Legen wir also den Koordinatenanfang in
den ruhenden Kern und beschreiben wir die Bahn eines Teilchens in
Polarkoordinaten r, φ, so ist die Abstoßungskraft dem Betrage nach
gleich

$$K = \frac{2\,Z e^2}{4\,\pi\,\varepsilon_0\,r^2} \tag{8.1}$$

mit der Influenzkonstanten

$$\varepsilon_0 = (8{,}854185 \pm 0{,}000006) \cdot 10^{-12}\ \mathrm{AsV^{-1}\,m^{-1}}. \tag{8.2}$$

Die Bahn des α-Teilchens ist der dem Kern abgewandte Hyperbelast (Abb. 6) mit der Gleichung (v_0 = Anfangsgeschwindigkeit der α-Teilchen)

$$r = \cfrac{- \cfrac{2\,\pi\,\varepsilon_0\,m_{\alpha 0}\,p^2\,v_0^2}{Z e^2}}{1 - \cfrac{2\,\pi\,\varepsilon_0\,m_{\alpha 0}\,p\,v_0}{Z e^2}\sqrt{v_0^2 + \left(\cfrac{Z e^2}{2\,\pi\,\varepsilon_0\,m_{\alpha 0}\,p\,v_0}\right)^2}\cdot \cos\varphi} . \qquad (8.3)$$

Der Ablenkungswinkel ϑ, d. h. der Winkel zwischen den Asymptoten, ist gegeben durch

$$\operatorname{tg}\frac{\vartheta}{2} = \frac{Z e^2}{2\,\pi\,\varepsilon_0\,m_{\alpha 0}\,v_0^2\,p} . \qquad (8.4)$$

Diese Formel könnte mit dem Experiment verglichen werden, wenn man von einem gestreuten α-Teilchen wüßte, wie groß sein Stoßpara-

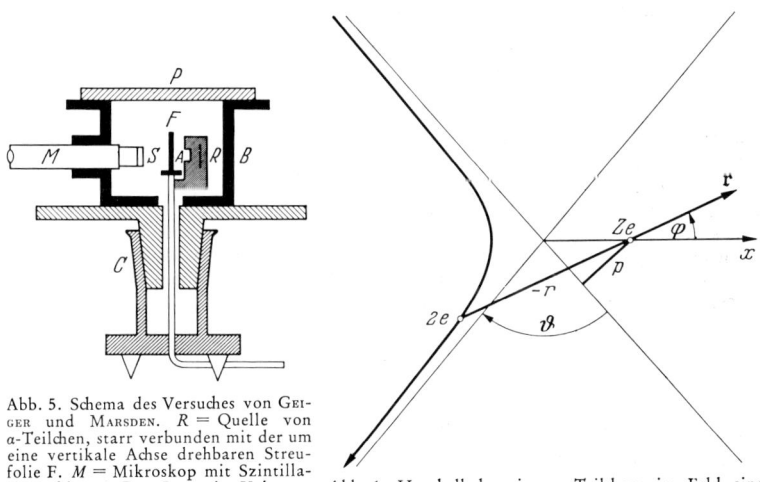

Abb. 5. Schema des Versuches von GEI-GER und MARSDEN. R = Quelle von α-Teilchen, starr verbunden mit der um eine vertikale Achse drehbaren Streufolie F. M = Mikroskop mit Szintillationsschirm S. Das Ganze im Vakuumgefäß PBC

Abb. 6. Hyerbelbahn eines α-Teilchens im Feld eines Kernes der Ladung Ze

meter p (der „Zielabstand", siehe Abb. 6) gewesen ist. Da dieser prinzipiell nicht meßbar ist, muß er irgendwie eliminiert werden. Das geschieht durch Relativmessungen an sehr vielen Streuprozessen mit verschiedenen Ablenkungswinkeln ϑ.

Man schickt einen durch Blenden begrenzten Strahl von α-Teilchen durch Materie, etwa eine dünne Metallfolie, und mißt die Häufigkeitsverteilung der gestreuten α-Teilchen über die Ablenkungswinkel ϑ (Abb. 7). Wegen der Seltenheit von Streustößen wird jede vorkommende Ablenkung als Ergebnis nur eines Stoßes angesehen. D. h. nur Stöße mit Parametern p, für die

$$r_K < p \ll r_A \qquad \begin{array}{l} r_K = \text{Kernradius} \\ r_A = \text{Atomradius} \end{array} \qquad (8.5)$$

werden beobachtet, und nur für diese gelten die folgenden Überlegungen. Da andererseits jede Passage eines α-Teilchens mit einem Stoßparameter zwischen p und $p-\mathrm{d}p$ auch zu einer Ablenkung führt, ist die Anzahl $\mathrm{d}n$ der in den Bereich zwischen ϑ und $\vartheta+\mathrm{d}\vartheta$, d. h.

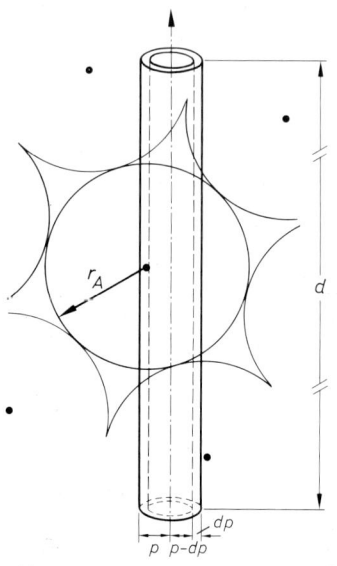 mit einem Stoßparameter zwischen p und $p-\mathrm{d}p$ gestreuten α-Teilchen exakt gleich der gesamten Anzahl der Passagen mit dem richtigen Parameter zwischen p und $p-\mathrm{d}p$, d. h. gleich dem Produkt aus der Zahl n der verschossenen α-Teilchen und der Zahl der im richtigen Zielabstand liegenden Kerne, also

$$\mathrm{d}n = n\cdot N\cdot V_{\mathrm{d}p}, \qquad (8.6)$$

wobei N die Zahl der Kerne pro Volumeneinheit und

$$V_{\mathrm{d}p} = d\cdot 2\,\pi\,p\,\mathrm{d}p \qquad (8.7)$$

das Volum der Zylinderschale der Länge d ($=$ Foliendicke) zwischen den Radien p und $p-\mathrm{d}p$ ist (Abb. 7). Nach (8.4) ist [1]

Abb. 7. Zur Stoßstatistik. Der Pfeil stellt die Bahn eines α-Teilchens dar, das bei fehlender Wechselwirkung einen Atomkern in einem Abstand zwischen p und $p-\mathrm{d}p$ passiert. Schematisch: Atomradius $r_A \ll$ Schichtdicke d

$$\mathrm{d}p = \frac{Ze^2}{4\,\pi\,\varepsilon_0\,m_{a0}\,v_0{}^2}\cdot\frac{\mathrm{d}\vartheta}{\sin^2\dfrac{\vartheta}{2}}, \qquad (8.8)$$

was mit (8.4), (8.6) und (8.7) den Prozentsatz

$$\frac{\mathrm{d}n}{n} = C\cdot\frac{\cos\dfrac{\vartheta}{2}}{\sin^3\dfrac{\vartheta}{2}}\,\mathrm{d}\vartheta = 2\,C\,\frac{\sin\vartheta}{(1-\cos\vartheta)^2}\,\mathrm{d}\vartheta \qquad (8.9)$$

$$C = 4\,\pi\,Nd\left(\frac{Ze^2}{4\,\pi\,\varepsilon_0\,m_{a0}\,v_0{}^2}\right)^2$$

liefert (RUTHERFORD 1911).

Diese Formel beschreibt die experimentellen Ergebnisse sehr gut, bis auf zwei Winkelbereiche, in denen die Voraussetzungen der Theorie nicht erfüllt sind. Für $\vartheta = 0$, d. h. $p = \infty$ folgt mit festem C ganz unsinnig $\mathrm{d}n/n = \infty$. Grund: $p = \infty$ ist bei der vorausgesetzten engen Packung vieler Atome nicht realisierbar, da $p = 0$ nur bei $N = C = 0$ vorkommen kann. Der größte mögliche p-Wert in der Folie ist tatsäch-

---

[1] $\mathrm{d}p$ ist durch Abb. 7 als positive Größe definiert, daher das positive Vorzeichen beim Differenzieren von Gl. (8.4)!

lich etwa der halbe Atomabstand, und nur auf die Streuung mit noch
kleineren p-Werten darf (8.9) nach (8.5) angewandt werden. Für
$\vartheta = \pi$, $p = 0$, d. h. zentralen Stoß folgt $dn/n = 0$, d. h. es soll keine Rückstreuung in die Quelle vorkommen, da die Trefferwahrscheinlichkeit
nach (8.7) für $p = 0$ verschwindet und für $p \approx 0$ sehr klein ist. Tatsächlich ist die Rückstreuung von α-Teilchen sehr hoher Energie aber
stärker als hiernach zu erwarten. Auf diesen Punkt werden wir später
zurückkommen.

Da die Streuung rotationssymmetrisch um die Richtung des unab-
gelenkten Strahles in einen Kegelmantel der Öffnung ϑ bis $\vartheta + d\vartheta$ erfolgt, überdecken die unter dem Winkelbereich $d\vartheta$ gestreuten α-Teilchen
im Abstand A von der Folie die Fläche

$$df = 2\,\pi\,A^2 \sin\vartheta\,d\vartheta\,.$$

Rechnet man (8.9) hiermit auf df um, so ergibt sich die relative Zahl
der α-Teilchen pro Flächeneinheit des im Abstand A hinter der Folie
aufgestellten und mit dem Mikroskop beobachteten Leuchtschirms als

$$\frac{1}{n}\frac{dn}{df} = \frac{C}{4\,\pi\,A^2}\cdot\frac{1}{\sin^4\dfrac{\vartheta}{2}}\,. \tag{8.10}$$

Da der Leuchtschirm beim Auftreffen der α-Teilchen aufblitzt (Szintil-
lation), kann diese Zahl ausgezählt werden.

Die Tabelle 2 gibt Messungen an einer Gold- und einer Silberfolie
wieder (GEIGER und MARSDEN 1913). Im Rahmen der Meßgenauigkeit
ist in Übereinstimmung mit (8.10) die Größe $dn/df \cdot \sin^4 \vartheta/2$ bei kon-

Tabelle 2. *Experimente von* GEIGER *und* MARSDEN

ϑ	Silberfolie		Goldfolie		p für $v_0 = 1{,}59\cdot 10^7$ m sec^{-1} bei Gold
	$\dfrac{dn}{df}$	$\dfrac{dn}{df}\cdot\sin^4\dfrac{\vartheta}{2}$	$\dfrac{dn}{df}$	$\dfrac{dn}{df}\cdot\sin^4\dfrac{\vartheta}{2}$	
30°	5260/df	23,6/df	7800/df	28,8/df	$8\cdot 10^{-14}$ m
45	989	21,2	1435	31,2	
60	320	20,0	477	29,0	$3{,}7\cdot 10^{-14}$ m
75	136	18,8	211	27,5	
105	47,3	18,7	69,5	29,1	
120	33,0	18,4	51,9	29,8	
135	27,4	19,8	43,0	30,8	
150	22,2	19,3	33,1	35,0	$0{,}58\cdot 10^{-14}$ m

stantem n, d. h. konstanter Dauer der Messungen wirklich unabhängig
von ϑ. Die Bedeutung dieses Ergebnisses liegt in dem Nachweis, daß
der Grundgedanke des Rutherfordschen Atommodells, nämlich der Aufbau aus mit Masse behafteten Punktladungen, die auf andere Punktladungen nach dem Coulombschen Gesetz wirken, im Rahmen der zu-
sammengestellten Messungen wirklich vernünftig ist. Die letzte Spalte

zeigt die aus (8.4) berechneten [1] Stoßparameter p, die bei den wirksamen Stößen von der Größenordnung 10^{-14} m sind, also um etwa 4 Zehnerpotenzen unter dem Atomradius liegen.

Bis zu diesen Stoßparametern [2] an den Kern heran gilt also sicher das Coulombsche Abstoßungsgesetz.

Bei der Ablenkung sehr schneller α-Teilchen um große Winkel, d. h. bei annähernd zentralen Stößen mit sehr großer Kernannäherung, beobachtet man aber deutliche Abweichungen von der Rutherford-Formel, d. h. hier ist die Grundvoraussetzung der Theorie, das Coulombsche Kraftgesetz, nicht mehr erfüllt: Kern und α-Teilchen „berühren sich", wobei neue Kräfte wirksam werden. Da aus den ϑ-Werten, bei denen diese Abweichungen beginnen, immer p-Werte der Größenordnung 10^{-15} m folgen, muß Kern und α-Teilchen eine endliche, nicht verschwindende Ausdehnung mit Radien von der Größenordnung

$$r_{\text{Kern}} \approx 10^{-15}\,\text{m}$$

zugeschrieben werden [3]. Daraus folgt mit Tab. 1 das Volumverhältnis

$$V_{\text{Kern}} : V_{\text{Atom}} = r^3_{\text{Kern}} : r^3_{\text{Atom}} \approx 10^{-15}$$

oder, da praktisch die ganze Atommasse im Kern vereinigt ist, die Dichtebeziehung

$$\varrho_{\text{Kern}} \approx 10^{15} \cdot \varrho_{\text{Atom}}\,. \tag{8.11}$$

Im Kern ist also die Materie ungeheuer viel dichter gepackt als im ganzen Atom, oder umgekehrt: Im Atom sind die Abstände der Bausteine ungeheuer viel größer als ihre Radien. *Die Atome sind sehr weiträumig aufgebaute Gebilde.*

Mißt man außer der Winkelverteilung auch die Absolutwerte von $(1/n) \cdot (\mathrm{d}n/\mathrm{d}f)$, so ergibt sich auch der Wert von C, d. h. bei bekanntem v_0 die Kernladungszahl Z. Das grundlegende Ergebnis ist (J. CHADWICK 1920)

$$Z = \textit{Ordnungszahl im Periodischen System.} \tag{8.12}$$

Da die Atome nach der chemischen Periodizität angeordnet sind, bedeutet dies, daß ihre chemischen Eigenschaften durch die Kernladungszahl Z, d. h. durch die ebenso große Elektronenzahl bestimmt werden. Dies ist ein weiterer Hinweis auf die elektrische Natur der chemischen Eigenschaften.

Aufgabe 4. a) Berechne den Radius einer Kugel aus Kernmaterie, deren Masse gleich der Erdmasse $6 \cdot 10^{24}$ kg oder gleich dem Zuladegewicht eines Lastkraftwagens (5000 kg) ist. b) Denke Kern und Elektron auf die Dimension einer Roßkastanie vergrößert. Wie groß ist dann ihr Abstand (Atomradius)?

---

[1] Hier ist das spätere Ergebnis Z=Ordnungszahl schon benutzt!

[2] Da es sich nur um die Größenordnung handelt, wird auf die Berechnung des kleinsten Kernabstandes, den das α-Teilchen auf seiner Bahn erreicht, verzichtet. Als ungefähres Maß dafür wird der Stoßparameter p benutzt.

[3] Von derselben Größenordnung ist auch der Elektronenradius, siehe Aufgabe 17.

D. Die Bohr-Sommerfeldsche Theorie des Rutherfordschen Atommodells

Die durch das Streuexperiment geforderten großen Abstände der Elektronen vom Kern führen zu einer ernsten Schwierigkeit für das Rutherfordsche Modell: es ist *prinzipiell instabil.* Denn nimmt man die Elektronen zunächst als ruhend an, so stürzen sie infolge der Coulombschen Anziehung in den Kern. Begegnet man dem durch die Annahme, daß sie sich um den Kern bewegen (Planetensystem-Modell), so daß die Fliehkraft die Anziehung gerade kompensiert, so emittieren sie nach den Gesetzen der Elektrodynamik Strahlung mit der Umlaufsfrequenz, verlieren dadurch Energie und stürzen auf Spiralbahnen ebenfalls in den Kern. *Das Problem der Stabilität ist also untrennbar mit dem Problem der Lichtemission (und -absorption) verbunden.* Deshalb werden wir jetzt zunächst die experimentellen Tatsachen über die Emission und Absorption von Strahlung durch Atome zusammenstellen, um anschließend die quantentheoretischen, im Rahmen der klassischen Physik unverständlichen Vorstellungen über die Strahlung von Atomen zu entwickeln, die gleichzeitig die Lösung des Stabilitätsproblems enthalten.

9. Vorbemerkungen aus der Spektroskopie

In dem von Luft nicht absorbierten Spektralbereich ($\lambda > 2000$ Å) wird als Wellenlänge λ einer Strahlung die Wellenlänge in Normalluft (= trockene Luft von 15 °C und 760 Torr Luftdruck) angegeben: Es ist also

$$\lambda = \frac{\lambda_{\text{vac}}}{n}, \; n = n\,(\lambda_{\text{vac}}) = \text{Brechzahl der Normalluft.} \quad (9.1)$$

Für $\lambda < 2000$ Å, wo die Luft absorbiert und wo demnach mit Vakuumspektrographen gearbeitet werden muß, wird die Vakuumwellenlänge λ_{vac} angegeben. Statt der Wellenlänge wird vernünftiger die vom Ausbreitungsmedium unabhängige, allein vom strahlenden Atom bestimmte Frequenz

$$\nu = \frac{c}{\lambda_{\text{vac}}} = \frac{c}{n\,\lambda} \quad (9.2)$$

oder die Wellenzahl (Einheit: 1 cm^{-1})

$$\tilde{\nu} = \frac{\nu}{c} = \frac{1}{\lambda_{\text{vac}}} = \frac{1}{n\,\lambda} \quad (9.3)$$

benutzt, wobei

$$c = (2{,}997925 \pm 0{,}000001) \cdot 10^8 \text{ m s}^{-1} \quad (9.4)$$

die Lichtgeschwindigkeit im Vakuum ist.

Man unterscheidet Linienspektren, Bandenspektren und kontinuierliche Spektren. Die *Linienspektren* tragen diesen Namen auf Grund der
Tatsache, daß sie im wesentlichen nur Strahlung ganz bestimmter diskreter Frequenzen enthalten, so daß man im Spektroskop nur getrennt
voneinander liegende Spaltbilder oder *Spektrallinien* sieht. Die Strahlung der Linienspektren entstammt weitgehend ungestörten Atomen
(z. B. in Lampen mit leuchtenden Atomgasen). In den *Banden*spektren
treten die Linien zu charakteristischen mehrfach wiederholten, nach
einer Seite abschattiert erscheinenden Liniensystemen, den *Banden*, zusammen. Die Träger derartiger Bandenspektren sind ungestörte Molekeln (z. B. in Molekelgasen). Überdeckt die emittierte oder absorbierte
Strahlung kontinuierlich weite Frequenzgebiete, so handelt es sich
meistens um Spektren von Körpern sehr hoher Absorption, d. h. also
fester oder flüssiger Stoffe mit enggepackten, sich gegenseitig stark
störenden Atomen oder Molekeln (z. B. Glühlicht) oder von Gasen bei
extremen Zustandsbedingungen in sehr großen Schichtdicken (Fixsterne
hoher Temperatur und Dichte). Wir werden jedoch sehen, daß selbst die
Linienspektren der Atome auch *Teilkontinua* enthalten, d. h. in begrenzten Frequenzbereichen kontinuierlich sind.

10. Das Serienspektrum des H-Atoms

Das einfachste bekannte Spektrum ist das des H-Atoms, welches
wegen $Z = 1$ aus einem einfach geladenen Kern und *einem* Elektron besteht und also das einfachste überhaupt mögliche Atom ist. Schon früh
ist den Beobachtern eine Eigentümlichkeit im sichtbaren und anschließen-
den ultravioletten Teil seines Spektrums aufgefallen: die Spektrallinien
rücken ganz gesetzmäßig nach der kurzwelligen Seite hin zusammen bis
an eine Grenze, an die sich ein verhältnismäßig schwaches Kontinuum
anschließt (Abb. 8). BALMER ist es 1885 gelungen, alle Linien dieser
Serie durch die Formel

$$\lambda_n = 3645,6 \cdot \frac{n^2}{n^2 - 4} \ \text{Å} \qquad (10.1)$$

darzustellen, wobei

$$n = 3, 4, \ldots \qquad (10.2)$$

eine die Linien abzählende Laufzahl ist. Schreibt man mittels (9.2)
diese *Serienformel* auf Frequenzen um, so erhält man

$$\nu_n = R\left(\frac{1}{4} - \frac{1}{n^2}\right), \quad n = 3, 4, \ldots, \qquad (10.3)$$

wobei die Frequenz R eine Konstante ist. Das ist ein Spezialfall der
endgültigen, von RYDBERG (1890) stammenden Formel

$$\nu_{mn} = R\left(\frac{1}{m^2} - \frac{1}{n^2}\right), \quad \begin{matrix} m = 1, 2, \ldots, \\ n = m+1, m+2, \ldots \end{matrix} \qquad (10.4)$$

die es gestattet, nicht nur die *Balmer*-Serie ($m = 2$), sondern noch weitere Serien zu beschreiben. Dabei bleibt in jeder Serie m konstant und nur n ist Laufzahl, während verschiedene Serien sich durch einen verschiedenen m-Wert unterscheiden. Tatsächlich hat man, z. T. später,

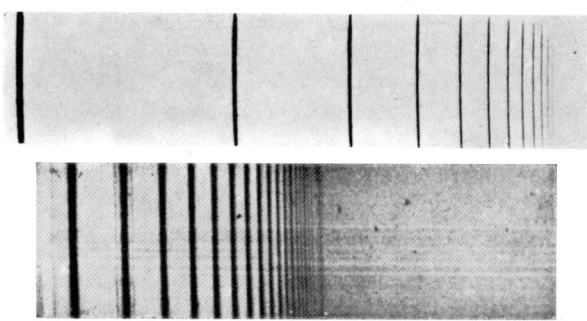

Abb. 8. Die Balmer-Serie des H-Atoms in Emission. Oben: Schwach belichtet, vom ersten Glied ($n=3$) an. Unten: Stark belichtet und gegen das obere Spektrum vergrößert, vom 7. Glied ($n=9$) an. Man erkennt deutlich das Seriengrenzkontinuum. Die letzte Linie gehört nicht zur Serie, sie rührt von H_2-Molekeln her

Linien weiterer Serien mit genau den durch die Serienformel (10.1) gegebenen Frequenzen experimentell gefunden. Heute sind folgende 5 Serien bekannt:

$$m = 1: \quad \nu_{1n} = R\left(1 - \frac{1}{n^2}\right), \quad n = 2, 3, \ldots \text{ LYMAN} \quad 1906$$

$$m = 2: \quad \nu_{2n} = R\left(\frac{1}{4} - \frac{1}{n^2}\right), \quad n = 3, 4, \ldots \text{ BALMER} \quad 1885$$

$$m = 3: \quad \nu_{3n} = R\left(\frac{1}{9} - \frac{1}{n^2}\right), \quad n = 4, 5, \ldots \text{ PASCHEN} \quad 1908 \quad (10.5)$$

$$m = 4: \quad \nu_{4n} = R\left(\frac{1}{16} - \frac{1}{n^2}\right), \quad n = 5, 6, \ldots \text{ BRACKETT} \quad 1922$$

$$m = 5: \quad \nu_{5n} = R\left(\frac{1}{25} - \frac{1}{n^2}\right), \quad n = 6, 7, \ldots \text{ PFUND} \quad 1924$$

Dabei hat die Konstante R, die sogenannte *Rydbergfrequenz*, in allen Serien denselben Wert, nämlich

$$R_H = 3{,}288052 \cdot 10^{15} \text{ sec}^{-1}, \quad (10.6)$$

wobei der Index H das H-Atom kennzeichnen soll. Aus (10.5) folgt daher, daß die Serien mit größerem m bei kleineren Frequenzen liegen. Tatsächlich liegen auch die *Lyman*-Serie im ultravioletten, die *Balmer*-Serie im ultravioletten bis sichtbaren und die drei anderen Serien im ultraroten Spektralgebiet. Die *Seriengrenzen* erhält man jeweils durch den Grenzübergang $n \to \infty$, also durch die Formel

$$\nu_{\text{Grenze}} = \nu_{m\infty} = \frac{R}{m^2}. \quad (10.7)$$

Die diskreten Linien der Serie liegen auf der langwelligen Seite der Grenze:

$$\nu_{mn} < \nu_{m\infty} \qquad (10.8)$$

Über die Frequenzen $\nu > \nu_{m\infty}$ erstreckt sich das *Seriengrenzkontinuum*.

11. Serienspektren schwerer Atome. Terme

Die Anordnung der Spektrallinien in Serien findet sich durchaus nicht nur beim H-Atom, sondern auch in den Spektren schwererer Atome und Ionen. Zunächst gilt für alle Atome und Ionen mit nur einem Elektron, d. h. für die *isoelektronische Reihe* H, D, He$^+$, Li^{++}, Be^{+++} usw. exakt eine Rydbergformel wie (10.4). Allerdings schreibt man dabei etwas allgemeiner

$$\nu_{mn} = R\,Z^2 \left(\frac{1}{m^2} - \frac{1}{n^2} \right), \qquad (11.1)$$

und es ist die Rydbergfrequenz jeweils eine etwas andere, d. h. es ist

$$R_\mathrm{H} \neq R_\mathrm{D} \neq R_\mathrm{He} \neq \text{usw.}$$

Unter den Spektren der Atome mit mehr als einem Elektron fallen durch eine noch verhältnismäßig übersichtliche Serienstruktur die der *Alkalien* auf. Jedoch gilt hier nicht mehr exakt die Rydberg-Formel (10.4), sondern die etwas abgeänderte Formel

$$\nu_{mn} = R\,Z^{*2} \left(\frac{1}{(m+s)^2} - \frac{1}{(n+p)^2} \right), \quad n = m+1,\, m+2,\, \ldots \qquad (11.2)$$

Dabei sind s und p (manchmal auch d, f usw. genannt) kleine Zahlen von der Größenordnung 0,1, die innerhalb einer Serie konstant sind und *Rydbergkorrektionen* heißen. Aus der Erfahrung der Chemie, daß die Alkalimetalle nur positiv einwertige Ionen bilden, folgt nach (4.4), daß die Alkaliatome *ein* besonders locker gebundenes Elektron, das Valenzelektron, enthalten, das sie bei der Ionisation abgeben. Es liegt nun nahe zu vermuten, daß dieses Elektron auch für die Lichtemission verantwortlich ist (Leuchtelektron). Wäre es von den übrigen Elektronen gar nicht gestört, so wäre wie beim H-Atom eine Serienformel ohne Rydbergkorrektionen zu erwarten. Die Rydbergkorrektionen sind also ein Maß für die Störung des einen Leuchtelektrons durch die anderen Elektronen, die man unter dem Begriff des *Elektronenrumpfes* zusammenfaßt (vgl. Abb. 14). Ferner wird die Tatsache, daß von einem kernfernen Leuchtelektron aus gesehen die positive Kernladung durch die kernnahen Rumpfelektronen teilweise abgeschirmt erscheint, dadurch ausgedrückt, daß nicht die volle Kernladungszahl Z, sondern die *effektive* Kernladungszahl

$$Z^* = Z - \sigma, \qquad (11.3)$$

$$\sigma = \text{Abschirmungskonstante}$$

auftritt.

Geht man mit (9.3) von den Frequenzen zu den in der Spektroskopie gebräuchlichen Wellenzahlen über, so wird (11.1) zu

$$\tilde{\nu}_{mn} = \tilde{R}\, Z^2\left(\frac{1}{m^2} - \frac{1}{n^2}\right) = \frac{\tilde{R}\, Z^2}{m^2} - \frac{\tilde{R}\, Z^2}{n^2} = \tilde{\nu}_m - \tilde{\nu}_n\,, \qquad (11.4)$$

wobei z. B. die *Rydbergkonstante* $\tilde{R}$ für die beiden Wasserstoffisotope die sehr genau gemessenen Werte (1940)

$$\begin{aligned}\tilde{R}_H &= (109\,677{,}58 \pm 0{,}01)\ \mathrm{cm}^{-1},\\ \tilde{R}_D &= (109\,707{,}42 \pm 0{,}01)\ \mathrm{cm}^{-1}\end{aligned} \qquad (11.5)$$

hat. Man nennt die Größen

$$\tilde{\nu}_n = \frac{\tilde{R}\, Z^2}{n^2}\,, \quad n = 1,2,\ldots \qquad (11.6)$$

die *Balmerterme* [1]. Die Wellenzahl jeder einzelnen der in (10.5) angeschriebenen Wasserstofflinien läßt sich also als Differenz zweier Terme darstellen. Damit ist die zweifach unendliche Mannigfaltigkeit (zwei Laufzahlen m und n) der in (10.5) dargestellten Spektrallinien zurückgeführt auf die nur einfach unendliche Mannigfaltigkeit (eine Laufzahl n) der Terme.

Nach Ritz (1908) gilt die Darstellbarkeit der Wellenzahl der Spektrallinien als Differenzen in einem System von Spektraltermen für die Spektren *aller* Atome (Ritzsches *Kombinationsprinzip*). Natürlich sind diese Terme nur bei den Einelektronensystemen die einfachen Balmerterme (11.6). Schon bei den Serienspektren der Alkaliatome haben sie nach (11.2) die kompliziertere Form

$$\tilde{\nu}_n^{(s)} = \frac{\tilde{R}\, Z^{*\,2}}{(n+s)^2}\,, \quad n = 1,2,\ldots \qquad (11.7)$$

wobei an Stelle von s auch andere kleine Zahlen $p, d, \ldots$ stehen können. Die den sehr linienreichen und komplizierten Spektren von Atomen mit mehreren Leuchtelektronen zugrundeliegenden Terme lassen sich nicht mehr durch einfache Funktionen explizit ausdrücken [2]. Wie wir sehen werden, wird das empirisch gefundene Kombinationsprinzip von der Quantentheorie als grundlegendes Postulat an den Anfang gestellt.

Aufgabe 5. Aus der Rydbergschen Serienformel rechne man das Emissionsspektrum (mit Grenzkontinua) des Wasserstoff-Atoms aus und zeichne es sowohl auf einer in λ als auch auf einer in $\tilde{\nu}$ linearen Skala. Man markiere den sichtbaren Spektralbereich.

---

[1] Oft auch T_n genannt.

[2] Leider ist das Wort „Term" im Lauf der Zeit mehrdeutig geworden, da es allgemein auch an Stelle von „Energieniveau" gebraucht wird. Wir werden uns diesem Sprachgebrauch anschließen, wenn keine Verwechslungen zu befürchten sind. Unsere Größen $\tilde{\nu}_n$ heißen dann „Termwerte".

12. Photoeffekt, Wirkungsquantum, Lichtquanten

Bei geeigneten Versuchsbedingungen lassen sich aus Metallober-
flächen durch Einstrahlung von Licht Elektronen abspalten, so daß das
Metall positiv aufgeladen wird (HALLWACHS 1888). Um den Mechanismus dieses *Photoeffektes* zu verstehen, ist zu untersuchen, wie 1. die
Anzahl und 2. die *Geschwindigkeit* der austretenden Elektronen von
der Strahlungsleistung (Intensität) und der Frequenz des eingestrahlten
Lichtes abhängen. Derartige Messungen lassen sich sauber nur im Hoch-
vakuum durchführen. Abb. 9 zeigt schematisch eine für solche Messun-

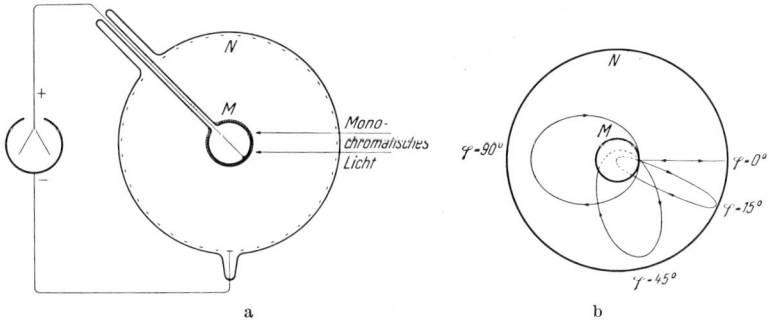

Abb. 9. a) Kugelsymmetrische Photozelle. M=Metallspiegel (Kalium), N=Drahtnetz (Nickel).
b) Ellipsenbahnen von Photoelektronen verschiedener Austrittsrichtung nach Erreichung der
Grenzspannung. Nach R. W. Pohl, Optik

gen geeignete Aufladeschaltung. Zwei Elektroden, von denen die eine
belichtet wird, bilden zusammen mit einem statischen Voltmeter einen
Kondensator. Ist die Richtung der abgespaltenen Elektronen so, daß sie
die Gegenelektrode erreichen, so wird der Kondensator aufgeladen. Es
entsteht ein elektrisches Gegenfeld, das so lange wächst, bis gerade auch
die schnellsten und parallel zum Feld austretenden Elektronen nicht
mehr zur Gegenelektrode gelangen können. Die dann gemessene und um
die Kontaktspannung der Apparatur korrigierte Spannung U ist dem
maximalen Energiewert der austretenden Elektronen proportional, d. h.
es gilt

$$\frac{1}{2} m_e v_0{}^2 = e\, U \, . \tag{12.1}$$

Nach der elektromagnetischen Lichttheorie sollte man eine starke
Abhängigkeit dieser Energie von der Strahlungsleistung erwarten, da
für den Prozeß der Ablösung des Elektrons die der Wurzel aus der
Strahlungsleistung proportionale elektrische Feldstärke der Welle ver-
antwortlich gemacht werden müßte. Das entscheidende experimentelle
Ergebnis ist jedoch, daß die maximale Austrittsgeschwindigkeit v_0 von
der Strahlungsleistung gar nicht abhängt. Dagegen ist die durch den
Ladestrom I gemessene Zahl der je Zeiteinheit abgespaltenen Elektronen

12. Photoeffekt, Wirkungsquantum, Lichtquanten 23

direkt der Strahlungsleistung proportional (LENARD 1902). Die Austrittsgeschwindigkeit v_0 aber wird allein durch die Frequenz des Lichtes bestimmt, und zwar ist

$$\frac{1}{2}\, m_e\, v_0{}^2 = e\, U = h\, (\nu - \nu_G)\,. \qquad (12.2)$$

Diesen linearen Zusammenhang zwischen $e\, U$ und ν zeigt Abb. 10 am Beispiel des Natriums. Es existiert also eine untere Grenzfrequenz ν_G *(rote Grenze)* des Photoeffektes; nur Licht höherer Frequenz liefert Photoelektronen. Die Grenzfrequenz variiert mit dem bestrahlten Me-

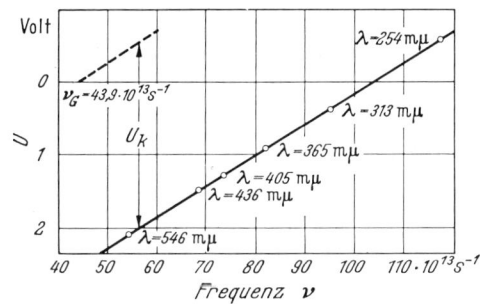

Abb. 10. Energie der Photoelektronen einer Na-Oberfläche als Funktion der Lichtfrequenz. Die ausgezogene Kurve ist gemessen, muß aber um die unvermeidliche Kontaktspannung U_k der Meßapparatur nach oben verschoben werden (gestrichelte Kurve)

tall, doch ist die Konstante h für alle Metalle dieselbe, nämlich das von MAX PLANCK im Jahre 1900 zur Erklärung des spektralen Verlaufs der Strahlung des schwarzen Körpers eingeführte *elementare Wirkungsquantum*

$$h = (6,62619 \pm 0,00005) \cdot 10^{-34}\ \text{Js}\,. \qquad (12.3)$$

Man bestimmt ihren Wert aus der Steigung der Geraden im U-ν-Diagramm.

Da auch die Frequenzabhängigkeit der Austrittsgeschwindigkeit v_0 im Rahmen der elektromagnetischen Lichttheorie unverständlich bleibt, wurde die Gl. (12.2) von A. EINSTEIN 1905 in folgender Weise gedeutet: Für die Beschreibung des Photoeffekts muß das Bild der Lichtwelle fallen gelassen werden. An seine Stelle tritt das korpuskulare Bild von *Lichtquanten* oder *Photonen,* die in voneinander unabhängigen spontanen Akten im Metall absorbiert werden. Diese korpuskulare Auffassung des Lichtes ist andererseits auch streng auf die Prozesse der Lichtabsorption [1] und, wie wir sehen werden, auch der Lichtemission

---

[1] Aus Gründen des Energiesatzes setzt die Abspaltung eines Elektrons natürlich die Absorption von Licht voraus.

beschränkt. [1]. Alle Ausbreitungsvorgänge, z. B. die Beugung des Lichtes, lassen sich *nicht* mit dem Lichtquantenbild, sondern *nur* mit der Wellenvorstellung beschreiben. Wir haben also ein bestimmtes Experiment *entweder* durch Lichtquanten *oder* durch Wellen zu beschreiben, d. h. es gibt zwei streng getrennte Klassen von Experimenten, die man Wellenexperimente und Korpuskelexperimente nennen kann. Durch eine experimentelle Nachprüfung erweist sich „das Licht" in jedem Falle *eindeutig entweder* als Welle *oder* als Korpuskel. Lichtquantenbild und Wellenbild schließen sich also streng aus, sie sind *komplementär*. Doch besteht nach EINSTEIN der folgende quantitative Zusammenhang: die bei einem Korpuskelexperiment (z. B. Absorption) gemessene Energie der Lichtquanten ist der durch ein Wellenexperiment (z. B. Beugung) am eingestrahlten Bündel gemessenen Frequenz der Welle proportional:

$$\text{Energie des Lichtquants } W = h\,\nu = \hbar\,\omega . \qquad (12.4)$$

Der hier am Beispiel des Lichtes zu Tage tretende sogenannte *Dualismus* Welle-Korpuskel ist eine der Grundtatsachen der Atomphysik und wird uns noch mehrfach beschäftigen.

Die Energie des Lichtquants wird bei der Absorption im Metall in einem spontanen Akt einem Elektron übertragen und von diesem z. T. für das Überwinden einer Abreiß- oder Austrittsarbeit A verbraucht. Der Rest tritt als kinetische Energie des Elektrons in Erscheinung. Es soll also sein

$$\frac{1}{2}\,m_e\,v_0^2 = h\,\nu - A . \qquad (12.5)$$

Die Lichtquantenhypothese liefert also die vollständige Beschreibung des Photoeffekts. Denn (12.5) ist mit der empirisch gefundenen Gleichung (12.2) identisch, wenn man

$$A = h\,\nu_G \qquad (12.6)$$

setzt, und außerdem ist die Zahl der Elektronen proportional der Zahl der absorbierten Lichtquanten, d. h., wie es sein muß, der Strahlungs-

Tabelle 3. *Austrittsarbeiten einiger Metalle*

	$\lambda_G(\text{Å})$	$A\,(e\text{Volt})$		$\lambda_G(\text{Å})$	$A\,(e\text{Volt})$
Li	5280 Å	2,38 eVolt	Cu	2880 Å	4,29 eVolt
Na	5300	2,33	Ag	2610	4,73
K	5460	2,26	Au	2600	4,76
Rb	5800	2,13	Pt	1960	6,37
Cs	6400	1,93	W	2720	4,57

leistung der eingestrahlten Lichtwelle. Tabelle 3 enthält die roten Grenzwellenlängen und die aus ihnen bestimmten Austrittsarbeiten einiger Metalle.

---

[1] Dazu kommt noch die Streuung von Licht z. B. an einzelnen Elektronen *(Compton-Effekt)*, die in einem späteren Abschnitt behandelt wird.

13. Die Bohrsche Theorie des Einelektronensystems

Die Streuversuche im Rutherfordschen Laboratorium hatten als Modell des Atoms ein Planetensystem im Kleinen ergeben: die Elektronen bewegen sich, durch die der Gravitationskraft formal gleiche Coulombsche Kraft gehalten, in großen Abständen um einen positiv geladenen Kern. Wir haben jedoch schon gezeigt, daß dies System nach den Anschauungen der klassischen Elektrodynamik und Mechanik einer Katastrophe verfällt: es stürzt kurze Zeit nach seiner Entstehung in sich zusammen. Diese prinzipielle Schwierigkeit ist von NIELS BOHR 1913 für das Einelektronensystem dadurch überwunden worden, daß er, geführt durch die Lichtquantenhypothese und das Ritzsche Kombinationsprinzip, ganz dogmatisch im Atom an zwei entscheidenden Punkten die klassische Mechanik und Elektrodynamik außer Kraft gesetzt und dafür folgende drei Postulate eingeführt hat.

1. In der klassischen Mechanik werden die Planetenbahnen und ihre Energien festgelegt durch die Bewegungsgleichung (das Kraftgesetz) und die Anfangsbedingungen für Ort und Impuls. Da die Anfangsbedingungen prinzipiell als beliebig wählbar vorausgesetzt werden, können Bahnen mit beliebigen Energien vorkommen. BOHR läßt für das Atom zwar die Bewegungsgleichung gelten, setzt aber die freie Verfügung über die Anfangsbedingungen außer Kraft [1]; nur ganz bestimmte, ausgezeichnete Bahnen mit den Energien W_1, W_2, ... W_n, ... sollen erlaubt sein.

2. Diese Bahnen werden durch die Forderung festgelegt, daß der *Betrag ihres Drehimpulses ein Vielfaches der Einheit*

$$\hbar = \frac{h}{2\pi} \quad \text{(lies: } h \text{ quer) (13.1)}$$

ist. Diese Forderung heißt die *Quantelung* des Drehimpulses

3. *Die Bewegung auf diesen Bahnen erfolgt strahlungslos.* Die Emission von Strahlung erfolgt in Form von Lichtquanten bei spontanen

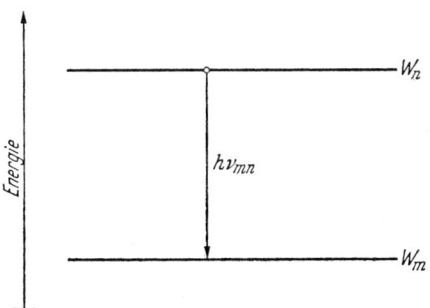

Abb. 11. Emission des Lichtquants $h\nu_{mn}$ beim Übergang von der Energie W_n zur Energie W_m

Übergängen von einer Bahn höherer zu einer Bahn niederer Energie (Abb. 11). Es soll also sein

$$h\nu_{mn} = W_n - W_m . \tag{13.2}$$

---

[1] Die tiefere Bedeutung dieses Verzichts ist die folgende: Die Vorgabe von scharfen Anfangsbedingungen für Ort und Impuls eines Teilchens wäre ohne die Voraussetzung ihrer experimentellen Nachprüfbarkeit physikalisch leer. Diese Nachprüfung ist aber in atomaren Dimensionen unmöglich, vgl. Abschnitt 46.

Bei der Absorption eines Lichtquantes erfolgt der Übergang in umgekehrter Richtung. Durch diese Forderung wird, wie es sein muß, das Ritzsche Kombinationsprinzip erfüllt: es ist

$$\tilde{\nu}_{mn} = \tilde{\nu}_m - \tilde{\nu}_n \qquad (13.3)$$

wenn wir in Voraussicht auf das folgende die Terme allgemein als

$$\tilde{\nu}_n = -\frac{W_n}{h\,c} \qquad (13.4)$$

definieren. Dabei ist der Übergang von einer Bahn zur anderen als ein in seinem Ablauf prinzipiell unbeobachtbarer spontaner Akt aufzufassen *(Quantensprung)*.

Zur rechnerischen Durchführung dieses Modells machen wir zunächst folgende vereinfachenden Annahmen, die wir später wieder fallen lassen werden:

a) Der Atomkern bleibt in Ruhe, d. h. seine Masse wird, verglichen mit der Elektronenmasse, als unendlich groß angesehen.

b) Die Elektronenbahnen sind Kreise um den Kern. Das ist ein Spezialfall der nach der Himmelsmechanik im *Coulomb-Feld* möglichen Ellipsenbahnen.

c) Die Abhängigkeit der Elektronenmasse von der Geschwindigkeit wird vernachlässigt: $m_e = m_{eo}$.

Da auf der Kreisbahn Fliehkraft und Zentralkraft sich das Gleichgewicht halten, gilt für die n-te Bahn

$$\frac{Z e^2}{4\,\pi\,\varepsilon_0\,r_n^2} = m_{eo}\,r_n\,\omega_n^2, \qquad (13.5)$$

wobei ω_n die Winkelgeschwindigkeit oder Kreisfrequenz ist. Von den unendlich vielen dieser Bedingung genügenden Kreisen werden durch die Drehimpulsquantelung die der folgenden zusätzlichen Bedingung genügenden ausgesondert:

$$m_{eo}\,r_n^2\,\omega_n = n \cdot \hbar\,, \quad n = 1, 2, 3, \ldots. \qquad (13.6)$$

Die Laufzahl n heißt *Quantenzahl*, und zwar, zur Unterscheidung von anderen, später definierten Quantenzahlen, *Hauptquantenzahl*. Aus (13.5) und (13.6) folgt

$$r_n = \frac{4\,\pi\,\varepsilon_0\,\hbar^2}{m_{eo}\,Z e^2} \cdot n^2 = \frac{a_{\mathrm{H}}}{Z} \cdot n^2, \qquad (13.7)$$

$$\omega_n = \frac{m_{eo}\,e^4\,Z^2}{(4\,\pi\,\varepsilon_0)^2\,\hbar^3} \cdot \frac{1}{n^3} = Z^2\,\omega_{\mathrm{H}} \cdot \frac{1}{n^3}. \qquad (13.8)$$

Der Bahnradius wächst also mit der Quantenzahl n sehr schnell an. Der kleinste Radius des H-Atoms ($Z = n = 1$) hat den Wert

$$a_{\mathrm{H}} = \frac{4\,\pi\,\varepsilon_0\,\hbar^2}{m_{eo}\,e^2} = (0{,}529177 \pm 0{,}000001) \cdot 10^{-10}\,\mathrm{m}. \qquad (13.9)$$

Er hat also im Vergleich mit den experimentellen Daten (Tabelle 1) durchaus die richtige Größenordnung. Mit wachsender Kernladungszahl Z wird nach (13.7) das Atom enger auf den Kern zusammengezogen. Die Kreisfrequenz ω_n nimmt wie n^{-3} ab.

Die potentielle Energie $P(r)$ im Abstand r vom Kern ist gegeben durch

$$P(r) - P(\infty) = \int_{\infty}^{r} \frac{Ze^2}{4\pi\varepsilon_0 r^2}\, dr = -\frac{Ze^2}{4\pi\varepsilon_0 r}. \tag{13.10}$$

Setzt man die Integrationskonstante $P(\infty)$ gleich Null, addiert die kinetische Energie und berücksichtigt (13.4), so erhält man die gesamte Energie auf der n-ten Bahn als

$$W_n = \frac{1}{2} m_{eo}\, r_n^2\, \omega_n^2 - \frac{Ze^2}{4\pi\varepsilon_0 r_n} = -\frac{1}{2}\frac{Ze^2}{4\pi\varepsilon_0 r_n} = -\frac{1}{2}\frac{m_{eo}\, e^4\, Z^2}{(4\pi\varepsilon_0\, \hbar)^2}\frac{1}{n^2}$$

$$= -h\, R_\infty \frac{Z^2}{n^2} = -h\, c\, \tilde{R}_\infty \frac{Z^2}{n^2} = -h\, c\, \tilde{\nu}_n \tag{13.11}$$

und somit die Wellenzahlen des Spektrums nach (13.3) in der Form

$$\tilde{\nu}_{mn} = \frac{m_{eo}\cdot e^4}{2\, hc\, (4\pi\varepsilon_0\, \hbar)^2}\, Z^2 \left(\frac{1}{m^2} - \frac{1}{n^2}\right) = \tilde{R}_\infty\, Z^2 \left(\frac{1}{m^2} - \frac{1}{n^2}\right). \tag{13.12}$$

Damit ist auch die Quantelung der Energie durchgeführt und die Rydbergsche Serienformel theoretisch begründet, wobei sich die *Rydberg-Konstante* $\tilde{R}_\infty$ für den unendlich schweren Kern allein aus universellen Konstanten berechnet, d. h. selbst eine universelle Konstante ist.

Um diesen theoretischen Wert mit dem Experiment vergleichen zu können, haben wir zunächst von der unendlichen Kernmasse zur endlichen Kernmasse realer Atome überzugehen. Ein Kern endlicher Masse bleibt nicht in Ruhe, sondern Kern und Elektron bewegen sich beide auf Kreisen um den gemeinsamen Schwerpunkt. Dann bleibt aber (siehe Aufgabe 7) Gl. (13.11) richtig, wenn die Elektronenmasse durch die reduzierte Masse

$$\frac{m_{Ko}\cdot m_{eo}}{m_{Ko} + m_{eo}} = \frac{m_{eo}}{1 + \dfrac{m_{eo}}{m_{Ko}}} \tag{13.13}$$

(m_{Ko} = Ruhmasse des Kerns) des Systems ersetzt wird. Vergleich mit (13.12) liefert also

$$\tilde{R}_\infty = \tilde{R}_K \left(1 + \frac{m_{eo}}{m_{Ko}}\right). \tag{13.14}$$

Tabelle 4 für die beiden Wasserstoff-Isotope enthält die spektroskopisch gemessenen Werte von $\tilde{R}_K$, die Korrekturfaktoren $1 + \dfrac{m_{eo}}{m_{Ko}}$

und den nach (13.14) berechneten $\tilde{R}_\infty$-Wert sowie die Wellenlängen der ersten Linie der *Lyman-Serie* für eine Reihe von Einelektronsystemen.

Tabelle 4. *Lage der ersten* LYMAN-*Linie* λ_{12} *bei verschiedener Kernladung*

	$1 + \dfrac{m_{eo}}{m_{Ko}}$	$\tilde{R}_K{}^*$ (cm^{-1})	$\tilde{R}_\infty$ (berechnet) (cm^{-1})	λ_{12} (berechnet) (Å)	λ_{12} (gemessen) (Å)
^{1}H	1,00054463	109 677,6	109 737,3	1 215,66	1 215,66
^{2}H	1,00027245	109 707,4	109 737,3	1 215,33	1 215,33
^{4}He$^+$	1,00013709	109 722,3	(109 737,3)	303,8	303,6
^{7}Li^{++}	1,00007817	109 728,7	(109 737,3)	135,0	135,0
^{9}Be^{3+}	1,00006086	109 730,6	(109 737,3)	75,9	75,9
^{10}B^{4+}	1,00005477	109 731,3	(109 737,3)	} 48,6	} 48,6
^{11}B^{4+}	1,00004982	109 731,8	(109 737,3)		
^{12}C^{5+}	1,00004571	109 732,3	(109 737,3)	33,7	33,7

* Bei ^{1}H und ^{2}H $\equiv$ D gemessen. Bei den Spektren der Ionen ist die Meßgenauigkeit nicht so groß wie bei den Wasserstoffisotopen. Deshalb ist dort der Wasserstoffwert von $\tilde{R}_\infty$ übernommen (durch Klammern angedeutet). Mit ihm sind dann $\tilde{R}_K$ und λ_{12} berechnet und mit dem gemessenen λ_{12}-Wert verglichen.

Der theoretische Wert [siehe (3.5), (5.10), (8.2), (9.4), (12.3) und (13.12)]

$$\tilde{R}_\infty = \frac{m_{eo}\, e^4}{2\, hc \,(4\,\pi\,\varepsilon_0\,\hbar)^2} = (109\ 737{,}31 \pm 0{,}01)\ \text{cm}^{-1} \qquad (13.15)$$

stimmt also mit den in der vierten Spalte der Tabelle gegebenen experimentellen Werten überein [1], ein Erfolg, durch den die Bohrschen Quantenpostulate seinerzeit außerordentlich an Vertrauen gewonnen haben. Auch die quadratische Abhängigkeit der Wellenzahlen von der Kernladungszahl Z entspricht dem experimentellen Befund. Die letzten Spalten der Tabelle zeigen, wie stark sich das Spektrum mit wachsendem Z nach kürzeren Wellen verschiebt.

Aufgabe 6. Berechne den Bahnradius r_n (Atomradius) sowie die Geschwindigkeit des Elektrons für den experimentell durchaus erreichbaren Zustand $n=30$. Vergleiche die Werte mit dem mittleren Abstand und der thermischen Energie der Atome eines Edelgases von Atmosphärendruck und Zimmertemperatur, in dem sich das auf $n=30$ „angeregte" H-Atom befinden möge. Wieviel Fremdatome befinden sich *„im Innern des angeregten H-Atoms"*, d. h. im Innern einer Kugel vom Radius r_{30}?

Aufgabe 7. Führe die oben für $m_K = \infty$ durchgeführte Theorie für ein endliches m_K durch und beweise so die Behauptung (13.14). Ausgangspunkt: die Stabilitätsbedingung Fliehkraft = zum Mittelpunkt gerichtete Coulombkraft muß sowohl für die Kreisbahn des Elektrons (r_e) wie für die Kreisbahn des Kernes (r_K) gelten.

---

[1] BOHR berechnete 1913 den Wert $\tilde{R}_\infty = 103\ 500$ cm^{-1}, der innerhalb der damaligen Fehlergrenze mit dem experimentellen übereinstimmte.

Aufgabe 8. Zeige, daß die Hälfte der Linien der Brackett-Serie ($m = 4$) des He$^+$-Ions *fast* mit den Linien der Balmer-Serie ($m = 2$) des H-Atoms zusammenfällt und daß sich die genannte He$^+$-Serie mit halbzahligen n-Werten als H-Serie schreiben läßt (historischer Irrtum der „*Pickering*-Serie des H-Atoms"), wenn der Unterschied zwischen R_{He} und R_H vernachlässigt wird. Zeichne die Serien und gib die Verschiebung der He$^+$- gegen die H-Linien als Funktion des Verhältnisses $\tilde{R}_{He} : \tilde{R}_H$ an. Zeige, wie sich e/m_{eo} aus dieser Verschiebung bestimmen läßt.

Aufgabe 9. Zeige, daß es berechtigt ist, neben der elektrischen die Massenanziehung zu vernachlässigen. Wie groß müßte bei verschwindender Ladung die Masse des Kerns bei ungeänderter Masse des Elektrons werden, damit das Termschema des Atoms dasselbe bleibt?

Aufgabe 10. Außer Elektronen können auch negative μ-Mesonen der Ruhemasse 206 m_{eo} im *Coulomb*-Feld von Atomkernen laufen. Wie groß sind die Bahnradien r_n und die Umlauffrequenzen ω_n eines solchen Mesons im Vergleich zu denen eines Elektrons im gleichen Kernfeld? Die Ladung beider Teilchen ist gleich groß. — Berechne das Termschema für den experimentell beobachteten Fall eines μ-Mesons im Feld eines Bleikerns ($Z = 82$). Wo liegt die erste Linie der Balmer-Serie?

Aufgabe 10a. Wie Aufgabe 10, aber für das Positronium, bestehend aus einem Elektron und einem Positron.

Die Überlegungen dieses Abschnittes haben nur die Kreisbahnen des Keplerproblems benutzt. Die nächsten beiden Abschnitte bringen die folgerichtige Erweiterung des Bohrschen Modells auf ein vollständiges, allerdings gequanteltes, mikrophysikalisches Planetensystem mit den Ellipsen-, Parabel- und Hyperbelbahnen der Himmelsmechanik.

14. Die Sommerfeldsche Theorie des erweiterten Zentralkraftsystems

Wir betrachten eine Ellipse mit den Achsen A und B und der Exzentrizität $\varepsilon = e'/A$, in deren einem Brennpunkt sich der ruhend gedachte Kern befindet (Abb. 12). Da die Energie auf der ganzen Bahn konstant

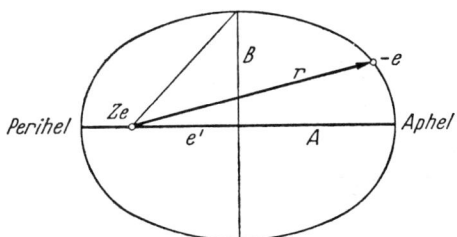

Abb. 12. Ellipsenbahn

ist, berechnen wir sie in einem speziellen Punkt, dem Aphel. Hier ist der Krümmungsradius ϱ gleich

$$\varrho = \frac{B^2}{A} = A(1 - \varepsilon^2), \qquad (14.1)$$

und der Abstand vom Kern gleich

$$r = A + e' = A\,(1 + \varepsilon).$$ (14.2)

Die Stabilitätsbedingung Zentralkraft gleich Fliehkraft heißt also

$$\frac{Z e^2}{4\,\pi\,\varepsilon_0\,A^2\,(1+\varepsilon)^2} = \frac{m_{eo}\,v^2}{\varrho}.$$ (14.3)

Hieraus ergibt sich die kinetische Energie zu

$$\frac{1}{2}\,m_{eo}\,v^2 = \frac{1}{2}\,\frac{Z e^2\,\varrho}{4\,\pi\,\varepsilon_0\,A^2\,(1+\varepsilon)^2} = \frac{1}{2}\,\frac{Z e^2}{4\,\pi\,\varepsilon_0\,A}\,\frac{1-\varepsilon}{1+\varepsilon}.$$ (14.4)

Demnach ist die Gesamtenergie gleich

$$W = -\frac{Z e^2}{4\,\pi\,\varepsilon_0\,A\,(1+\varepsilon)} + \frac{1}{2}\,\frac{Z e^2}{4\,\pi\,\varepsilon_0\,A}\,\frac{1-\varepsilon}{1+\varepsilon} = -\frac{1}{2}\,\frac{Z e^2}{4\,\pi\,\varepsilon_0\,A}.$$ (14.5)

Sie hängt nur von der großen Achse A ab und ist demnach dieselbe für alle Ellipsen mit gleich großer Achse A, d. h. gleich der Energie auf einer Kreisbahn mit dem Radius A. Die Energiequantelung wird also zurückgeführt auf die Quantelung der Bohrschen Kreisbahnen. Es kommen analog zu (13.7) und (13.11) nur Ellipsenbahnen mit den großen Achsen

$$A_n = \frac{a_{\mathrm{H}}}{Z}\,n^2$$ (14.6)

und den Energien (siehe 13.4)

$$W_n = -\frac{1}{2}\,\frac{m_{eo}\,e^4\,Z^2}{(4\,\pi\,\varepsilon_0\,\hbar)^2}\,\frac{1}{n^2} = \frac{W_1}{n^2} = \frac{W_{\mathrm{H}}\,Z^2}{n^2} = -h\,c\,\tilde{\nu}_n$$ (14.7)

vor. Die bisher noch unbestimmt gebliebene kleine Achse wird durch die Forderung festgelegt, daß wieder der Betrag des Drehimpulses ein Vielfaches von $\hbar$ sein soll. Wegen der Konstanz des Drehimpulses über die ganze Bahn darf er wieder im Aphel berechnet werden, und man erhält nach (14.2)

$$m_{eo}\,A\,(1+\varepsilon)\,v = k\,\hbar,$$ (14.8)

wobei k eine neue Quantenzahl, die *Nebenquantenzahl ist*. Nach (14.4) und (14.1) wird daraus

$$m_{eo}\,A\,(1+\varepsilon)\,\sqrt{\frac{Z e^2\,(1-\varepsilon^2)}{4\,\pi\,\varepsilon_0\,m_{eo}\,A\,(1+\varepsilon)^2}} = m_{eo}\,\sqrt{\frac{Z e^2 \cdot B^2}{4\,\pi\,\varepsilon_0\,A \cdot m_{eo}}} = k\,\hbar,$$

d. h. mit Hilfe von (14.6) und (13.9)

$$B_{nk} = \frac{a_{\mathrm{H}}}{Z}\,n\,k.$$ (14.9)

Diese Formel unterscheidet sich von der Formel (14.6) für die große Achse A_n nur dadurch, daß einmal n durch k ersetzt wird. Wegen $B_{nk} \leqq A_n$ ist also $k \leqq n$. Für $k = 0$ ($B_{nk} = 0$) wäre die Ellipse eine geradlinige Pendelbahn und das Elektron würde mit dem Kern zusammenstoßen. Deshalb hat man diesen Fall aus der Theorie ausgeschlossen, so daß k den Wertebereich

$$k = 1, 2, \ldots, n \qquad (14.10)$$

zur Verfügung hat und Bahnen ohne Drehimpuls nicht vorkommen [1]. Im Spezialfall der Kreisbahnen $(B = A)$ ist $n = k$, d. h. man kommt mit der einen, von BOHR eingeführten Quantenzahl aus. Heute wird aus später ersichtlichen Gründen statt k die um 1 kleinere Zahl

$$l = k - 1 = 0, 1, \ldots, n - 1 \qquad (14.11)$$

verwandt. Man nennt sie die Drehimpulsquantenzahl der Bahnbewegung oder einfacher die *Bahnquantenzahl*.

Die Energien hängen nach (14.5) und (14.7) nur von der großen Achse, d. h. der Hauptquantenzahl n ab und sind genau die gleichen wie schon im Bohrschen Modell. Neu kommt zunächst nur hinzu, daß jede dieser Energien W_n nicht mehr durch *eine* Bahn, sondern durch *n verschiedene*, durch die kleine Achse, d. h. durch den Drehimpuls und seine Quantenzahl l gekennzeichnete Bahnen realisiert sein kann (Abb. 13), die wir durch eine Energiemessung nicht unterscheiden können. Man sagt, der Energiewert W_n sei *n-fach* [2] entartet, und zwar

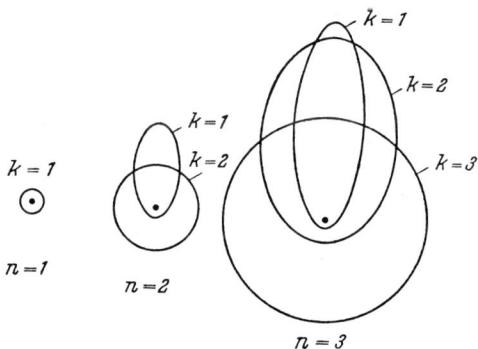

Abb. 13. Die Ellipsenbahnen des H-Atoms bei $n=1$, 2 und 3. Maßstabsgerecht, $k=l+1$

nennt man diese Entartung, da zu W_n verschiedene *Bahnen* gehören, eine *Bahnentartung*. Die Bahnentartung wird jedoch, wenn man bisher vernachlässigte Effekte mit berücksichtigt, immer aufgehoben, d. h. man beobachtet tatsächlich nicht einen n-fachen, sondern n einfache Energiewerte: der Term spaltet auf.

Dafür genügt z. B. schon die bisher vernachlässigte relativistische Abhängigkeit (5.11) der Masse von der Geschwindigkeit. Längs der Kreisbahn ist die Masse wegen der Konstanz der Geschwindigkeit kon-

---

[1] Dies Ergebnis der Theorie widerspricht dem Experiment, vgl. Abschn. 21.
[2] Ein Energiewert mit $n=1$ wird als nicht entartet oder einfach bezeichnet.

stant, nicht aber längs einer Ellipsenbahn, wo sie im Perihel größer ist als im Aphel. Da der Geschwindigkeitsunterschied und damit der Massenunterschied zwischen Perihel und Aphel um so größer ist, je schlanker die Ellipse, d. h. je kleiner l wird, andererseits die Energie von der Masse abhängt, muß auch die Energie von l abhängen. Nach SOMMERFELD ist

$$W_{nl} = W_n \left[1 + \alpha^2 \cdot \frac{Z^2}{n^2} \left(\frac{n}{l+1} - \frac{3}{4} \right) \right] \quad , \qquad (14.12)$$

wobei

$$\alpha = \frac{e^2}{4\,\pi\,\varepsilon_0\,\hbar\,c} = (7{,}29735 \pm 0{,}00001) \cdot 10^{-3} \approx \frac{1}{137} \qquad (14.13)$$

die Sommerfeldsche *Feinstrukturkonstante* ist. Die nach (14.12) erfolgende Aufspaltung der *Balmer*-Terme ist so klein, daß zur spektroskopischen Beobachtung der damit verbundenen Aufspaltung oder *Feinstruktur* der Wasserstofflinien Spektralapparate höchsten Auflösungsvermögens benötigt werden.

Im Fall der Alkaliatome haben wir bisher den Einfluß der kernnahen Elektronen (Rumpfelektronen) auf das Leuchtelektron nur durch eine Verschiebung der Energiewerte *(Rydberg-*Korrektion) gekennzeichnet. Wir können diesen Einfluß jetzt näher diskutieren. Er muß sicher sehr stark von l abhängen. Denn auf einer Kreisbahn ($l = n - 1$) wird das Leuchtelektron außerhalb des Rumpfes bleiben, also einem abgeschirmten Kern gegenüberstehen, auf einer sehr gestreckten Bahn jedoch in den von den Rumpfelektronen bestrichenen Raum eintauchen *(Tauchbahn)* und somit auf einem Teil seiner Bahn der ganzen Anziehungskraft des praktisch nicht oder nur sehr wenig abgeschirmten Kernes ausgesetzt sein. Während dieses Teiles der Bewegung wird das Elektron also stärker an den Kern herangezogen als es der außerhalb des Rumpfes begonnenen Ellipsenbahn entspricht: die Ellipse wird gedreht (Periheldrehung), es entsteht eine Rosettenbahn (Abb. 14). Dieser Effekt und damit die Energie der Bahn hängt natürlich stark von l ab,

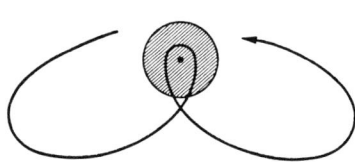

Abb. 14. Periheldrehung einer Tauchbahn. Der Elektronenrumpf ist durch Schraffur angedeutet

d. h. die Bahnentartung wird aufgehoben. — Übrigens bewirkt auch die oben behandelte relativistische Abhängigkeit der Masse von der Geschwindigkeit eine Periheldrehung, d. h. auch aus diesem Grunde wird eine Rosettenbahn durchlaufen.

15. Termschema. Grenzkontinuum

Trägt man die nach (14.7) erlaubten Energien W_n als Niveaus übereinander auf, so ergibt sich das Schema von Abb. 15. Es ist $W_n < 0$ mit

dem Grenzfall $W_\infty = 0$. Der Nullpunkt der Energieskala (rechte Abb.-
seite) liegt also an der Konvergenzstelle, der die Niveaus W_n mit wachsendem n zustreben. Hier ist nach (14.6), (14.8) und (13.10)

$$A_\infty = \infty, \quad B_{\infty k} = \infty, \quad P(r) \equiv 0 . \qquad (15.1)$$

D. h. aber, da mit der Gesamtenergie W und der potentiellen Energie
auch die kinetische Energie verschwindet, das Elektron ruht in unend-

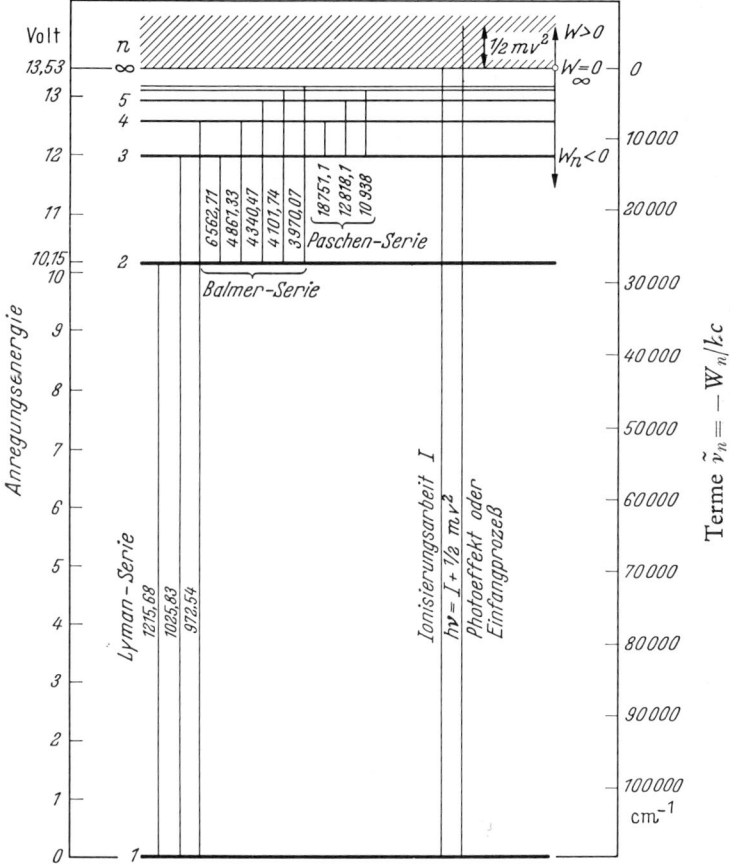

Abb. 15. Termschema des H-Atoms. Wellenlängen der Übergänge in Å

lich großem Kernabstand, das Atom ist ionisiert. In den tiefer gelegenen
Zuständen ist die Gesamtenergie negativ, d. h. der Betrag der potentiellen Energie größer als die kinetische Energie, das Elektron ist fest
an den Kern gebunden und $-W_n$ ist seine Bindungsenergie. Sie ist am

größten für den Grundzustand $n = 1$, in dem sich das Atom gewöhnlich befindet. Deshalb ist $-W_1$ gemeint, wenn von der Bindungsenergie des Elektrons gesprochen wird. Selbstverständlich ist das Atom nicht nur in dem durch (15.1) gegebenen Grenzfall $n = \infty$ der Ellipsenbahnen ionisiert, sondern immer dann, wenn die Bedingung

$$W_{\text{kin}} \geqq | P(r) | \qquad (15.2)$$

erfüllt ist, d. h. die Gesamtenergie größer oder gleich Null ist. Den positiven Energien entsprechen Hyperbelbahnen, der Energie Null Parabelbahnen [1], die zwar alle ins Unendliche führen, bei genügend hoher kinetischer Energie jedoch beliebig dicht am Kern vorbeiführen können. Da die Energie solcher unperiodischer Bahnen nicht gequantet ist [2], schließt sich an die Seriengrenze ein Kontinuum von Zuständen des ionisierten Atoms [3] an. Statt von der Seriengrenze aus mißt man die Energie oft vom Grundzustand aus und spricht dann von der Anregungsenergie, insbesondere bei der Seriengrenze von der Ionisationsenergie I. Die Abstände der Niveaus geben direkt die Größe der bei Übergängen zwischen ihnen emittierten oder absorbierten Lichtquanten. Teile von dreien der Serien sind in Abb. 15 eingezeichnet. Da die Beobachtung eines strahlenden Übergangs mit merklicher Intensität voraussetzt, daß sich genügend viel Atome im Anfangszustand dieses Übergangs befinden, kommen im Absorptionsspektrum im allgemeinen nur die vom Grundzustand ausgehenden Übergänge vor. Absorption eines Lichtquantes im Grenzkontinuum einer Serie bedeutet einen Prozeß, bei dem das Elektron vom Anfangsniveau der Serie auf eine unperiodische Bahn der Energie W gehoben wird und das Atom verläßt. Sobald sein Abstand genügend groß geworden ist, ist seine Energie W praktisch nur noch kinetisch. D. h. die Energiegleichung

$$h\nu = I + \Delta W \qquad (15.3)$$

wird dann

$$h\nu = I + \frac{1}{2} m_e v^2, \qquad (15.4)$$

womit die Grundgleichung (12.5) des Photoeffektes für ein einzelnes Atom modellmäßig hergeleitet ist [4]. Emission eines Lichtquantes im Kontinuum bedeutet umgekehrt einen Prozeß, bei dem ein freies Elektron eingefangen wird. Die spektroskopische Bestimmung der Frequenz der *Lyman*seriengrenze ist eine direkte Messung der Ionisations-

---

[1] Für $| P(r) | > 0$. Außerdem die Ellipsenbahnen $n = \infty$ für $P(r) = 0$.
[2] Siehe Abschnitt 20.
[3] Nicht des Ions, das nur $Z - 1$ Elektronen hat. Bei unserer Betrachtung wird das Z-te Elektron noch mitgezählt!
[4] Wir können also den durch (12.5) definierten Abreißprozeß streng genommen erst bei sehr großen Abständen als beendet ansehen.

arbeit I. — Trägt man nicht die Energien der Atomzustände auf, sondern die zu ihnen proportionalen Termwerte, so spricht man vom *Termschema* (rechter Rand von Abb. 15. Häufig werden die Termwerte auch vom Grundzustand ($\tilde{\nu} = 0$) aus nach oben gemessen).

16. Das Bohrsche Korrespondenzprinzip

Nachdem erwiesen ist, daß die Atome diskrete Energiewerte haben und das atomare Geschehen quantenhaft abläuft, erhebt sich die Frage, weshalb wir dann im makroskopischen Geschehen des täglichen Lebens den Ablauf aller Vorgänge keineswegs als unstetig quantenhaft, sondern als stetig empfinden. Die Antwort ist einfach: die im makroskopischen Geschehen umgesetzten Energien sind so groß gegen die Energiestufen, daß diese nicht mehr als Stufen unterschieden werden können. Umgekehrt ist zu erwarten, daß das Verhalten eines Atoms um so mehr den Gesetzen der makroskopischen klassischen Physik folgt, je größer seine Energie im Vergleich zu der bei dem gerade untersuchten Prozeß erfolgenden Energieänderung, d. h. je höher das Niveau und je kleiner der Niveauabstand ist. Für die *Strahlung* ist diese Bedingung am besten erfüllt beim Übergang zwischen zwei benachbarten oder doch höchstens nur um wenige (s) Einheiten der Quantenzahl n unterschiedenen Termen nahe der Konvergenzstelle. Berechnen wir also den Grenzwert

$$\lim_{n \to \infty} \nu_{n, n+s} = \lim_{n \to \infty} R_\infty Z^2 \left(\frac{1}{n^2} - \frac{1}{(n+s)^2} \right) = \frac{2\,s\,R_\infty\,Z^2}{n^3} \qquad (16.1)$$

und ersetzen n^{-3} mittels (13.8) durch die Umlaufsfrequenz $\nu_n = \omega_n/2\,\pi$, so ergibt sich mit Hilfe von (13.11)

$$\frac{1}{n^3} = \omega_n \frac{(4\,\pi\,\varepsilon_0)^2 \cdot \hbar^3}{m_{eo} \cdot e^4\,Z^2} = \nu_n \frac{1}{2\,R_\infty\,Z^2},$$

d. h.

$$\lim_{n \to \infty} \nu_{n, n+s} = s \cdot \nu_n. \qquad (16.2)$$

Die Frequenz der Strahlung wird also in der Grenze $n \to \infty$ für $s = 1$, d. h. bei Übergängen mit der Quantenzahländerung [1]

$$\triangle n = \pm 1 \qquad (16.3)$$

gleich der Umlaufsfrequenz des Elektrons.

Für $s = 2, 3, \ldots$ d. h. bei Übergängen mit

$$\triangle n = \pm 2, \pm 3, \ldots \qquad (16.4)$$

---

[1] Hier stehen beide Vorzeichen, da die Frequenz von der Richtung des Überganges nicht abhängt.

wäre die Frequenz der Strahlung gleich der doppelten, dreifachen usw. Umlaufsfrequenz [1].

Die Frequenz der Strahlung ist also genau die durch die klassische Elektrodynamik gegebene. Im Grenzfall großer Quantenzahlen oder, genauer, bei Wirkungen, gegen welche h verschwindend klein wird, gehen also die Quantengesetze in die Gesetze der klassischen Physik über. In diesem Sinn korrespondiert die Quantenphysik zur klassischen Physik (Bohrsches *Korrespondenzprinzip*), wovon wir später Gebrauch machen werden.

Aufgabe 11. Schleudere ein Gewichtsstück von 50 g Masse an einem 1 m langen Faden herum. Quantele seine Bewegung nach dem Bohrschen Drehimpulspostulat 2. von Abschn. 13. Wie groß ist $n\hbar$ gegen $\hbar$, wenn die Umlaufsfrequenz etwa 1 sec^{-1} ist?

Aufgabe 12. Man berechne die relativistische Feinstruktur der langwelligsten Balmer-Linie ($m=2$, $n=3$) des Wasserstoffatoms nach der Sommerfeldschen Formel und gebe $\Delta\lambda$ (Å) an. (Die Auswahlregeln sollen vernachlässigt werden.)

Aufgabe 13. Man berechne für das Bohrsche Modell des Wasserstoffatoms die Umlaufsfrequenz des Elektrons auf den Bohrschen Bahnen für n und $n+1$ und vergleiche mit der Frequenz des beim Übergang von $n+1$ nach n emittierten Lichtes. Es sei $n=1$, 10, 30, 100.

17. Grenzen der Bohr-Sommerfeldschen Theorie

Die Bohr-Sommerfeld-Theorie hat den damals sensationellen Erfolg gehabt, die Serienspektren der Einelektronensysteme durch Einführung der im Rahmen der klassischen Physik unverständlichen Quantenpostulate nicht nur qualitativ, sondern sogar quantitativ beschreiben zu können. Die Versuche, die Theorie auf weitere Fragen auszudehnen, sind jedoch gescheitert. Z. B. liefert die Theorie als Gestalt der Atome eine ebene Scheibe, während das Experiment Kugelgestalt ergibt. Außerdem liefert die Theorie die magnetischen Eigenschaften falsch. Vor allem aber versagt sie beim Übergang zu Atomen mit mehreren Elektronen, wenn die Alkalien, die ein ausgezeichnetes Leuchtelektron besitzen, also praktisch Einelektronensysteme sind, ausgenommen werden. Schon beim Helium ergeben sich große Widersprüche gegen die Erfahrung. Auch vom rein theoretischen Standpunkt ist die Theorie unbefriedigend wegen ihrer Inkonsequenz. Beim Quantenpostulat wird die klassische Mechanik durch den Verzicht auf die freie Wählbarkeit der Anfangsbedingungen außer Kraft gesetzt, so daß nur ganz bestimmte Elektronenbahnen zugelassen werden. Andererseits wird sie aber gerade zur Beschreibung dieser Elektronenbahnen beibehalten. Tatsächlich wird von der exakten Quantentheorie gerade diese Inkonsequenz beseitigt, d. h. die Bohrsche Theorie bereits an ihrer Wurzel kritisiert. Jedoch werden

---

[1] Hierauf werden wir bei Behandlung der Multipolstrahlung zurückkommen.

wir sehen, daß sie bei den bisher behandelten Fragen eine ausgezeichnete Näherung an die konsequente Theorie darstellt und außerdem wegen ihrer Anschaulichkeit für die sprachliche Diskussion kaum zu entbehren ist.

E. Die Wellenmechanik des Einelektronensystems

Die moderne Atomphysik hält zwei Ergebnisse der älteren Theorie als für die Atome gesicherte Grundtatsachen fest: die Existenz der diskreten Energieniveaus (Energiequantelung) und die Bohrsche Frequenzbedingung (13.2) für die Übergänge zwischen den Niveaus. Ihre Begriffsbildung ist jedoch völlig anders und ursprünglich von zwei ganz verschiedenen Seiten her entwickelt worden, die sich später haben verschmelzen lassen: der *Quantenmechanik* W. HEISENBERGs (1925) und der *Wellenmechanik* E. SCHRÖDINGERs (1926). Im Rahmen unserer Einführung werden wir nur das Einelektronenproblem wirklich durchrechnen und uns dabei der wellenmechanischen Methode bedienen. — An den Anfang stellen wir auch hier ein grundlegendes Experiment.

18. Materiewellen. Dualismus Welle – Korpuskel

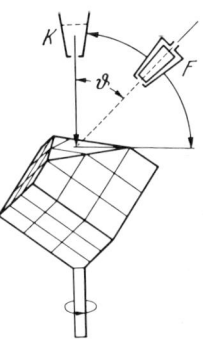

In den Jahren 1923—1927 beobachteten DAVISSON, KUNSMAN und GERMER, daß Elektronen homogener Geschwindigkeit, die unter einem festen Winkel auf eine Kristallfläche geschossen werden, nicht etwa wie Tennisbälle von einer merklich rauhen Wand *diffus*, sondern bevorzugt *unter ganz bestimmten Winkeln* reflektiert wurden (Abb. 16, 17). Diese Winkel hingen vom benutzten Kristall und von der Elektronengeschwindigkeit ab. Die ganze Erscheinung hatte eine starke Ähnlichkeit mit der bei Reflexion an Kristallgittern beobachteten Beugung von Röntgenlicht und wurde deshalb auch als *Elektronenbeugung* gedeutet (ELSÄSSER 1925). Entscheidend für diese Deutung war die Hypothese von LOUIS DE BROGLIE (1924); nach dieser wird einem materiellen Teilchen der Ruhemasse m_0, das sich mit der Geschwindigkeit $v = \beta c$ bewegt ($c = $ Lichtgeschwindigkeit), eine *Materiewelle* mit der Wellenlänge

Abb. 16. Schema der Versuchsanordnung von DAVISSON und GERMER. Der Elektronenstrahl aus der Quelle K trifft senkrecht auf eine Fläche eines Cu-Einkristalls. Der schwenkbare Empfänger F (Faraday-Käfig) mißt die Zahl der reflektierten Elektronen als Funktion von ϑ

$$\lambda = \frac{h}{mv} = \frac{h}{p}, \quad m = \frac{m_0}{\sqrt{1-\beta^2}}, \qquad (18.1)$$

d. h. der dem Impuls $\vec{p} = m\,\vec{v}$ proportionale Wellenvektor

$$\vec{k} = \vec{p}/\hbar \qquad (18.2)$$

mit dem Betrag $k = 2\,\pi/\lambda$ zugeschrieben. In dieser Gleichung steht links eine wellenkinematische, rechts eine mechanische Größe: sie ist die Grundgleichung der *Wellenmechanik*. Wendet man diese Gleichung z. B.

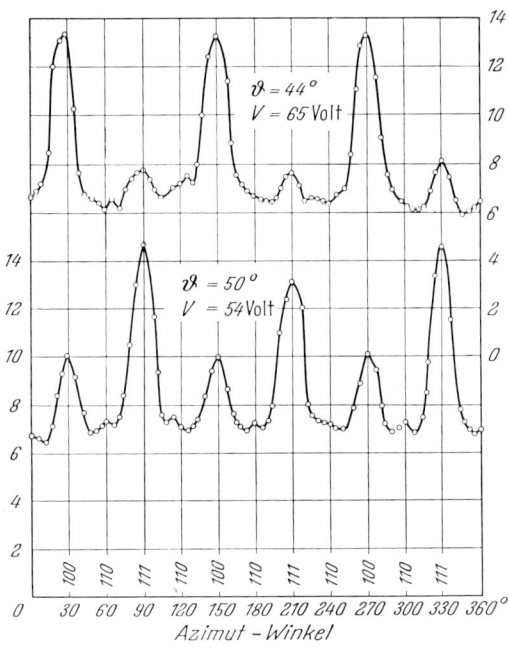

Abb. 17. Elektronenbeugungsbild, aufgenommen mit der Anordnung in Abb. 16. Bei festgehaltenem ϑ ($\vartheta = 44°$ bzw. 50°) ist der Kristall einmal um die Vertikalachse gedreht worden

auf Elektronen an, die durch eine Spannung U auf eine gegen c noch kleine Geschwindigkeit gebracht sind, so ist $m_e = m_{eo}$

$$\frac{1}{2}\,m_{eo}\,v^2 = e\,U$$

$$m_e\,v = m_{eo}\,v = \sqrt{2\,m_{eo}\,e\,U}$$

und

$$\lambda = \frac{h}{\sqrt{2\,m_{eo}\,e\,U}}\,.$$

Wie Tabelle 5 zeigt, fallen bei bequemen Spannungen die Wellenlängen tatsächlich in die richtige Größenordnung der Röntgenwellenlängen und der Gitterkonstanten der Kristalle.

Abb. 18 zeigt das Debije-Scherrer-Diagramm einer polykristallinen Germaniumfolie, aufgenommen mit einer Elektronenwelle. Dieses Bild entspricht völlig dem mit Röntgenlicht gleicher Wellenlänge gewonnenen bis auf die von der Art der gestreuten Welle abhängigen Intensitäten der Ringe. Heute sind Elektronenbeugungsaufnahmen ein ebenso wichtiges Hilfsmittel der Strukturforschung wie Röntgenbeugungsaufnahmen.

Die de Broglie-Gleichung (18.1,2) gilt nicht nur für Elektronen und andere geladene Partikel, sondern auch für ungeladene Teilchen,

Tabelle 5.
de Broglie-Wellenlänge von durch die Spannung U beschleunigten Elektronen

U (Volt)	λ (Å)
1	12,2
5	5,5
10	3,9
100	1,2
1 000	0,39
10 000	0,12

wie durch die Beugungserscheinungen bei der Reflexion von Atom- und Molekelstrahlen an Kristallen (STERN und Mitarbeiter, 1929) und die Neutronenbeugung bewiesen wird. Wegen der viel größeren Masse muß hier nach (18.1) die Geschwindigkeit viel kleiner als bei den Elektronen

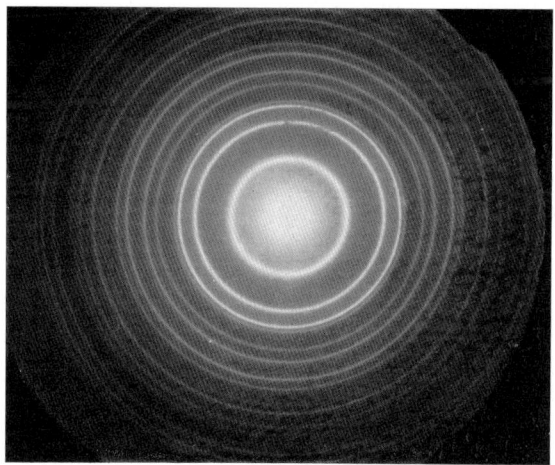

Abb. 18. Elektronenbeugungsbild einer polykristallinen Germaniumfolie. Aufnahme: H. König.
Photographisches Positiv

gewählt werden (thermische Geschwindigkeiten), wenn man Beugung an Kristallgittern beobachten, d. h. die Wellenlänge in der Größenordnung der Gitterkonstanten halten will.

Wie beim Licht gibt es also auch bei den materiellen Teilchen Experimente *(Korpuskelexperimente)*, die nur durch das Bild der Korpuskel, und andererseits Experimente *(Wellenexperimente)*, die nur durch das Bild der Welle beschrieben werden können. Zwischen beiden vermittelt die Gl. (18.1) deren rechte Seite durch ein Korpuskelexperiment, die linke Seite durch ein Wellenexperiment definiert ist. Für materielle Teilchen hat also (18.1) dieselbe Bedeutung wie die Einsteinsche Gleichung (12.4) für das Licht.

Tatsächlich hat jedoch DE BROGLIE seine Hypothese viel allgemeiner aufgefaßt: der Zusammenhang zwischen Welle und Korpuskel soll für *alle* Teilchen derselbe sein, d. h. (12.4) soll auch für materielle Teilchen, (18.2) auch für das Licht gelten. Die Beziehung zwischen den Korpuskelexperimenten auf der einen und den Wellenexperimenten auf der andern Seite soll also für *alle* Teilchen (Wellen) hergestellt werden durch die Gleichungen

$$\vec{p} = m\,\vec{v} = \frac{m_0\,\vec{v}}{\sqrt{1-\beta^2}} = \hbar\,\vec{k} = \frac{h}{\lambda}\cdot\frac{\vec{k}}{|\vec{k}|} \tag{18.3}$$

$$W^* = m\,c^2 = \frac{m_0\,c^2}{\sqrt{1-\beta^2}} = h\,\nu = \hbar\,\omega\,. \tag{18.4}$$

Dabei ist W^* die gesamte Energie des Teilchens mit Einschluß der Ruheenergie [1]. Sie ist definiert durch die Gleichung (HASENÖHRL, EINSTEIN)

$$\tag{18.5}$$

$$W^* = mc^2 = \frac{m_0\,c^2}{\sqrt{1-\beta^2}} = m_0\,c^2 + \frac{1}{2}\,m_0\,v^2\left\{1 + \frac{3}{4}\left(\frac{v}{c}\right)^2 + \frac{5}{8}\left(\frac{v}{c}\right)^4 + \cdots,\cdots\right\}$$

der Relativitätstheorie, durch die jeder Energie eine Masse und umgekehrt jeder Masse eine Energie zugeordnet, also die *Äquivalenz von Energie und Masse* behauptet wird. Für kleine Geschwindigkeiten $v \ll c$ ist nach (18.5) W^* die Ruheenergie $m_0\,c^2$ plus der gewöhnlichen kinetischen Energie $\frac{1}{2}\,m_0\,v^2$ der klassischen Physik. Eine potentielle Energie kommt explizit nicht vor. Der Grund dafür ist die Vorschrift, daß Gl. (18.5) nur auf abgeschlossene Systeme angewendet werden darf, auf die ja äußere Kräfte nicht wirken. Die kinetische Energie in (18.5) ist dann die mit der Schwerpunktsgeschwindigkeit des Systems berechnete, und alle inneren potentiellen und kinetischen Energien sind in der Ruheenergie $m_0\,c^2$ enthalten [2].

---

[1] Im folgenden bedeutet immer W die Energie ohne, W^* die Energie mit Ruheenergie.
[2] Interessiert man sich nur für ein Teilsystem, z. B. das Elektron des H-Atoms, so ist statt (18.5) zu schreiben $W^* = m_e\,c^2 + P(r)$. Dabei ist gemäß der Entwicklung wie in (18.5) $m_e\,c^2$ bei $v \ll c$ die Summe aus kinetischer und Ruheenergie des Elektrons und $P(r)$ seine potentielle Energie im Feld des Kerns.

Bezeichnet man mit $u = v\,\lambda$ die *Phasengeschwindigkeit* der Welle, so ist nach (18.3) und (18.4)

$$W^* = h\,v = \frac{h\,u}{\lambda} = p\,u \qquad (18.6)$$

$$u = \frac{W^*}{p} = \frac{c^2}{v} \geqq c\,, \qquad (18.7)$$

d. h. die Phasengeschwindigkeit der Welle ist größer oder mindestens gleich der Vakuumlichtgeschwindigkeit. Das Gleichheitszeichen gilt für Licht im Vakuum, wo die Partikelgeschwindigkeit, das ist die Geschwindigkeit der Lichtquanten gleich der Phasengeschwindigkeit der Welle, also

$$v = u = c; \quad \beta = 1 \qquad (18.8)$$

ist. In diesem Grenzfall folgt aus (18.6)

$$m_0 = \frac{h\,v}{c^2}\,\sqrt{1 - \beta^2} = 0\,. \qquad (18.9)$$

Die Lichtquanten haben also keine Ruhemasse, sondern nur eine bewegte Masse und einen Impuls, und zwar ist im Vakuum

$$m = \frac{h\,v}{c^2}\,; \quad p = mc = \frac{h\,v}{c} = \frac{h}{\lambda} = \hbar\,k\,. \qquad (18.10)$$

Damit ist der Dualismus Welle—Korpuskel für alle Teilchen formal durchgeführt. Die Beziehungen zwischen den Kenngrößen der Korpuskel und denen der Welle sind in Tabelle 6 noch einmal zusammengestellt.

Tabelle 6. *Dualismus Welle—Korpuskel. Die historisch zuerst benutzte Darstellung ist jeweils eingerahmt*

	Lichtquanten im Vakuum	Kräftefreie materielle Teilchen
Ruhemasse . . .	$m_0 = 0$	$m_0 > 0$
Masse	$m = \dfrac{h\,v}{c^2} = \dfrac{h}{c\,\lambda}$	$m = \dfrac{m_0}{\sqrt{1 - \beta^2}}$
Geschwindigkeit .	c	$v = \beta \cdot c$
Impuls	$mc = \dfrac{h\,v}{c} = \dfrac{h}{\lambda} = \hbar k$	$m\,v = \beta\,m\,c$
Energie	$mc^2 = h\,v = \hbar\,\omega$	mc^2
Frequenz . . .	v	$v = \dfrac{mc^2}{h}$
Wellenlänge . . .	$\lambda = \dfrac{c}{v}$	$\lambda = \dfrac{h}{m\,v}$
Phasen- geschwindigkeit	c	$u = \dfrac{W^*}{p} = \dfrac{c^2}{v}$
Gruppen- geschwindigkeit	c	$u^* = \dfrac{d\omega}{dk} = v$

Aufgabe 14. Man zeige, daß die Phasengeschwindigkeit $u = u\,(\lambda)$ einer Materie-Welle (z. B. eines Elektrons) von der Wellenlänge λ abhängt, d. h. daß Materiewellen schon im Vakuum Dispersion zeigen.

Dazu eliminiere man aus den Gleichungen

$$W^* = mc^2 = \hbar\omega \qquad \omega = ku$$

$$p = mv = \hbar\,k \qquad k = \frac{2\,\pi}{\lambda} \qquad m = \frac{m_0}{\sqrt{1 - v^2/c^2}}$$

die Teilchengeschwindigkeit und stelle eine Beziehung zwischen u, k und m_0 her. Schließlich beweise man, daß die Gruppengeschwindigkeit

$$u^* = \frac{d\omega}{dk}$$

gleich der Teilchengeschwindigkeit v ist. Man diskutiere die Bedeutung des Ergebnisses.

Aufgabe 15. Die Gleichung $W^* = mc^2$ gilt auch für Systeme aus beliebig vielen Teilchen. Zum Beispiel ist bei zwei mit der Bindungsenergie gleich negativer Dissoziationsarbeit $-D$ gebundenen Teilchen $W^* = W_1^* + W_2^* - D$, wenn W_1^*, W_2^* die Energien der getrennten Teilchen bedeuten. Division durch c^2 liefert $m = m_1 + m_2 - \dfrac{D}{c^2}$. Berechne diesen *Massendefekt* für den Zusammentritt eines Protons und eines Neutrons zum ^{2}H-Kern ($D = 2{,}19 \cdot 10^6$ eVolt).

Aufgabe 16. Warum wird bei den Rutherfordschen Streuversuchen mit α-Teilchen keine Beugung beobachtet? Vergleiche die Wellenlänge für α-Teilchen der Geschwindigkeit $v = 1{,}57 \cdot 10^7$ msec^{-1} (Tabelle 2) mit der Gitterkonstanten $\approx$ Atomdurchmesser eines Kristalls.

Aufgabe 17. Berechne den sogenannten „klassischen Elektronenradius" r_e aus der Elektronenmasse durch Gleichsetzen der elektrostatischen Feldenergie einer Kugel vom Radius r_e, auf deren Oberfläche die Elementarladung gleichmäßig verteilt ist, mit $m_{eo}\,c^2$. Dieser Berechnung liegt also die Vorstellung zugrunde, daß die Masse des Elektrons nur von seiner elektrostatischen Feldenergie herrührt. (An dem so erhaltenen Ergebnis ist nur die Größenordnung von Bedeutung.)

19. Die zeitunabhängige Schrödinger-Gleichung

Nennt man die in der Materiewelle schwingende Größe $\Psi\,(x, y, z, t)$, so muß sie der *jede* Wellenausbreitung regelnden allgemeinen Wellengleichung

$$\Delta \Psi = \frac{1}{u^2} \cdot \ddot{\Psi} \tag{19.1}$$

gehorchen. Setzt man als Lösung eine Welle der Frequenz $\nu = \dfrac{\omega}{2\,\pi}$ an, also

$$\Psi\,(x, y, z, t) = \psi\,(x, y, z) \cdot e^{i\omega t} \tag{19.2}$$

und geht damit in (19.1) hinein, so ergibt sich für den zeitunabhängigen Anteil die Gleichung

$$\Delta \psi (x, y, z) = - \frac{\omega^2}{u^2} \; \psi (x, y, z) = - \frac{4 \pi^2}{\lambda^2} \cdot \psi (x, y, z) \; . \qquad (19.3)$$

Setzt man hier für λ die de Broglie-Wellenlänge (18.1) ein, d. h. geht man rechts zum Korpuskelbild über, so erhält man für ein Teilchen

$$\Delta \psi (x, y, z) = - \frac{4 \pi^2 m^2 v^2}{h^2} \; \psi (x, y, z) \; . \qquad (19.4)$$

Verzichtet man weiterhin generell auf relativisitische Effekte, d. h. setzt man im folgenden stets v als genügend klein gegen c voraus, so ist

$$\frac{1}{2} \; mv^2 = \frac{1}{2} \; m_0 \; v^2 = W - P (x, y, z) \qquad (19.5)$$

die kinetische, $P (x, y, z)$ die potentielle, W die gesamte Energie ohne Ruhenergie des Teilchens, und die Gleichung (19.4) erhält die Form

$$\Delta \psi (x, y, z) + \frac{2 \, m_0}{\hbar^2} (W - P (x, y, z)) \; \psi (x, y, z) = 0. \qquad (19.6)$$

Diese berühmte Gleichung, die zeitunabhängige Schrödinger-Gleichung (E. SCHRÖDINGER 1925), beherrscht weite Gebiete der Atomphysik, solange relativistische Effekte vernachlässigt werden können. Da sie die Wellengröße ψ und die nur durch einen Korpuskelversuch, nämlich die Bewegung eines Probekörpers im Kraftfeld definierbare potentielle Energie nebeneinander enthält, ist sie charakteristisch für den Dualismus Welle – Korpuskel.

Gibt man das Potential $P (x \, y \, z)$ einer Korpuskel vor, so liefert die Schrödinger-Gleichung die Amplitude $\psi (x \, y \, z)$ einer (laufenden oder stehenden) Welle. Man beachte den prinzipiellen Gegensatz zur klassischen Mechanik, wo aus dem Potential die Bahn des Massenpunktes folgt, das Korpuskelbild also nicht verlassen wird.

So wie in einer elektromagnetischen Welle die Meßgröße, durch die sich die Welle bemerkbar macht, nämlich die Strahlungsleistung oder die Energiedichte durch das Amplituden-Quadrat der schwingenden Feldstärke bestimmt wird, genau so werden wir annehmen, daß auch in der Materiewelle das Amplitudenquadrat der schwingenden Größe die für den Nachweis der Welle entscheidende Größe ist. Doch ist dabei folgendes zu bedenken:

1. Als Lösung von (19.6) wird sich ψ im allgemeinen als komplexe Funktion ergeben. Da nur reelle Größen die Bedeutung einer meßbaren

physikalischen Größe haben können, ist nicht das Quadrat, sondern das Betragsquadrat $\psi^*(x, y, z) \cdot \psi(x, y, z)$ zu benutzen [1].

2. Für die Beschreibung von *Wellen*experimenten hat man natürlich die Materiewelle als eine neuartige, vorher nicht bekannte Wellenart aufzufassen und $\psi^*\psi$ etwa ihre *Intensität* zu nennen. Doch ist zu beachten, daß andererseits alle Messungen, durch die die Welle an einem bestimmten Ort nachgewiesen, d. h. das Wellenfeld punktweise abgetastet, also die Ortsabhängigkeit von $\psi^*\psi$ geprüft wird, *Korpuskel*experimente sind, wie z. B. die Messung mit dem Zählrohr, das einzelne geladene Partikel nachweist, oder die Photographie des Beugungsbildes. Wenn ebenso wie die Beugung in der durchstrahlten Folie auch die Schwärzung der dahinter aufgestellten Photoplatte ein Wellenvorgang wäre, so müßte bei stetiger Verringerung des durch die Folie geschossenen Elektronenstroms die *Wellenintensität* $\psi^*\psi$ stetig abnehmen, d. h. bei gleichbleibender Belichtungszeit das Beugungsbild der Abb. 18 immer schwächer werden, jedoch in seiner Form bis zum Verschwinden unverändert bleiben. Tatsächlich zeigt jedoch das Experiment, daß die Beugungsfigur bei genügend kleiner insgesamt auf die Platte gelangter Elektrizitätsmenge (Stromstärke x Belichtungszeit) in einzelne auf der Platte verteilte scharf begrenzte schwarze Körnchen aufgelöst ist, die sich bei wachsender Belichtungszeit statistisch zu dem Beugungsbild Abb. 18 zusammensetzen und deren Anzahl der Elektrizitätsmenge proportional ist. Dabei erleidet selbst bei beliebig kleiner Stromstärke jedes geschwärzte Korn dieselbe Veränderung wie bei großer Stromstärke. Ein solcher Schwärzungsprozeß kann nur durch spontane Prozesse der Elektronen als Korpuskeln in einzelnen Bromsilberkörnern der photographischen Schicht, nicht aber als Wirkung einer kontinuierlichen Welle verstanden werden.

Da die Schwärzung der Platte an einer gegebenen Stelle also einerseits der Zahl der dort durch geschwärzte Körnchen nachgewiesenen Korpuskeln proportional ist, andererseits aber genau der Intensitätsverteilung der Beugungswelle entspricht, muß die Beziehung zwischen der Wellenintensität und der Zahl der in der Platte nachgewiesenen Elektronen die folgende sein [2]:

$$\psi^*(x, y, z)\, \psi(x, y, z)\, dx\, dy\, dz \sim \textit{Zahl der im Volum } dx\, dy\, dz \textit{ am Ort}$$
$$(x, y, z) \textit{ mit einem Korpuskelexperiment gezählten Elektronen.}$$

$$(19.7)$$

Den in dieser Beziehung noch unbestimmten Proportionalitätsfaktor setzen wir durch folgende Überlegung fest:

Da die Beugungsfigur auf der Platte statistisch durch viele nacheinander hineingeschossene einzelne Elektronen aufgebaut wird, ist der

---

[1] Der Stern bedeutet den Übergang zur konjugiert komplexen Größe.
[2] Das Zeichen $\sim$ bedeutet „ist proportional zu".

physikalische Kern des Schwärzungsprozesses jeweils ein Vorgang mit nur *einem* Teilchen. Wir führen die Reduktion auf ein Teilchen dadurch aus, daß wir die Proportionalität (19.7) ersetzen durch die Gleichung [1]

$\psi^*(x, y, z)\, \psi(x, y, z)\, \mathrm{d}x\,\mathrm{d}y\,\mathrm{d}z =$ *Zahl der im Raumteil $\mathrm{d}x\,\mathrm{d}y\,\mathrm{d}z$ am Ort (x, y, z) angetroffenen Korpuskeln dividiert durch die Zahl der im ganzen Raum angetroffenen Korpuskeln.*

$= relative\ Teilchenzahl\ in\ \mathrm{d}x\,\mathrm{d}y\,\mathrm{d}z\ am\ Ort\ (x, y, z).$ (19.8)

Es ist also $\psi^*(x, y, z)\, \psi(x, y, z)\, \mathrm{d}x\,\mathrm{d}y\,\mathrm{d}z$ die *Wahrscheinlichkeit* (Dimension [1]), bei einem Korpuskelexperiment ein Teilchen im Raumteil $\mathrm{d}x\,\mathrm{d}y\,\mathrm{d}z$ am Ort (x, y, z) anzutreffen, oder die Aufenthaltswahrscheinlichkeit des Teilchens an dieser Stelle. $\psi\psi^*$ ist die entsprechende Wahrscheinlichkeitsdichte (Dimension [$1/\mathrm{m}^3$]). Da natürlich die Wahrscheinlichkeit, ein Teilchen überhaupt irgendwo anzutreffen gleich 1 sein muß, folgt aus (19.8) sofort die sogenannte *Normierungsbedingung*

$$\int\!\!\int\!\!\int_{-\infty}^{+\infty} \psi^*(x, y, z) \cdot \psi(x, y, z)\, \mathrm{d}x\,\mathrm{d}y\,\mathrm{d}z = 1 \qquad (19.9)$$

der ψ-Funktion [2]. Bei *geladenen* Teilchen der Ladung q ist

$q\,\psi^*\,\psi\,\mathrm{d}x\,\mathrm{d}y\,\mathrm{d}z =$ relative Ladung in $\mathrm{d}x\,\mathrm{d}y\,\mathrm{d}z$ am Ort (x, y, z).   (19.10)

Wegen der dominierenden Stellung des Wahrscheinlichkeitsbegriffes nennt man diese Begriffsbildung die *statistische Deutung* der Wellenmechanik (M. BORN 1926). Sie ist überall dort am Platz, wo ein Wellenfeld mit Hilfe einer auf Korpuskeln reagierenden Meßanordnung ausgemessen werden soll. Sie besagt umgekehrt, daß Einschalten einer Wellenanordnung, wie z. B. eines beugenden Kristallgitters, in den Weg einer Korpuskel die genaue Vorhersage ihrer weiteren Bahn verhindert und stattdessen nur noch die Angabe gestattet, mit welcher Wahrscheinlichkeit im Sinne von (19.8) die Korpuskel an einer vorgegebenen Stelle (x, y, z) hinter dem Kristall ankommen wird. Hierauf werden wir näher in Abschnitt 46 eingehen.

Zunächst wollen wir aber die *Schrödinger*-Gleichung wirklich anwenden, und zwar auf das einfachste atomare System, einen Z-fach geladenen Kern mit einem Elektron.

---

[1] Diese Gleichung gilt natürlich nicht nur für Elektronen, sondern ganz allgemein für alle Korpuskeln.

[2] Da ψ als Lösung von (19.6) nur bis auf einen willkürlichen konstanten Faktor definiert ist, läßt sich die Normierung durch richtige Wahl dieses Faktors mathematisch auch wirklich erreichen.

20. Das Einelektronenatom

Bei der Behandlung dieses Problems verwenden wir wegen der Kugelsymmetrie des Coulomb-Feldes naturgemäß Polarkoordinaten, auf die wir den Δ-Operator umrechnen. Bei Z-fach geladenem Kern, der ruhend gedacht sei, ist

$$P(x, y, z) = P(r) = -\frac{Ze^2}{4\pi\varepsilon_0 r} \qquad (20.1)$$

und die Schrödinger-Gleichung (19.6) nimmt die Form

$$\frac{1}{r^2}\frac{\partial}{\partial r}\left(r^2\frac{\partial\psi}{\partial r}\right) + \frac{1}{r^2\sin\vartheta}\frac{\partial}{\partial\vartheta}\left(\sin\vartheta\frac{\partial\psi}{\partial\vartheta}\right) + \frac{1}{r^2\sin^2\vartheta}\cdot\frac{\partial^2\psi}{\partial\varphi^2} +$$

$$+\frac{2m_{eo}}{\hbar^2}\left(W+\frac{Ze^2}{4\pi\varepsilon_0 r}\right)\psi = 0 \qquad (20.2)$$

an. Da $\psi^*\psi$ die Aufenthaltswahrscheinlichkeit des Elektrons bestimmt, haben nur solche Lösungen dieser Differentialgleichung einen physikalischen Sinn, die folgende beiden Bedingungen erfüllen:

1. Verschwinden im Unendlichen:

$$\lim_{r\to\infty}\ \psi(r, \vartheta, \varphi) = 0, \qquad (20.3)$$

sonst divergiert das Normierungsintegral (19.9).

2. Eindeutigkeit auf der Kugel:

$$\psi(r, \vartheta + 2\pi, \varphi + 2\pi) = \psi(r, \vartheta, \varphi). \qquad (20.4)$$

Wir versuchen den Ansatz

$$\psi(r, \vartheta, \varphi) = R(r)\ Y(\vartheta, \varphi), \qquad (20.5)$$

der den Radius r von den Winkelvariablen separiert. Setzt man das in (20.2) ein und multipliziert mit $r^2/(RY)$, so folgt

$$\frac{1}{R}\frac{d}{dr}\left(r^2\frac{dR}{dr}\right) + \frac{2m_{eo}r^2}{\hbar^2}\left(W+\frac{Ze^2}{4\pi\varepsilon_0 r}\right) =$$

$$= -\frac{1}{Y}\left\{\frac{1}{\sin\vartheta}\frac{\partial}{\partial\vartheta}\left(\sin\vartheta\frac{\partial Y}{\partial\vartheta}\right) + \frac{1}{\sin^2\vartheta}\frac{\partial^2 Y}{\partial\varphi^2}\right\}. \qquad (20.6)$$

Die linke Seite hängt nur von r, die rechte nur von ϑ und φ ab. Da (20.6) für alle beliebigen Werte von r, ϑ, φ erfüllt sein soll, muß demnach jede Seite für sich konstant, etwa gleich α sein. Statt (20.6) haben wir also die beiden Gleichungen

$$\frac{1}{\sin\vartheta}\frac{\partial}{\partial\vartheta}\left(\sin\vartheta\frac{\partial Y}{\partial\vartheta}\right) + \frac{1}{\sin^2\vartheta}\frac{\partial^2 Y}{\partial\varphi^2} + \alpha Y = 0 \qquad (20.7)$$

$$R'' + \frac{2}{r}R' + R\left[\frac{2m_{eo}}{\hbar^2}\left(W+\frac{Ze^2}{4\pi\varepsilon_0 r}\right) - \frac{\alpha}{r^2}\right] = 0, \qquad (20.8)$$

wobei

$$R' = \frac{dR}{dr}, \quad R'' = \frac{d^2R}{dr^2} \qquad (20.9)$$

gesetzt ist. Wir lösen zunächst (20.7), und zwar wieder durch einen Separationsansatz

$$Y(\vartheta, \varphi) = \Theta(\vartheta)\, \Phi(\varphi), \qquad (20.10)$$

der nach Einsetzen in (20.7) und Multiplikation mit $\sin^2 \vartheta / \Theta\, \Phi$ diese in die zwei Gleichungen

$$\Phi''(\varphi) = -\beta\, \Phi(\varphi), \qquad (20.11)$$

$$\frac{1}{\Theta(\vartheta)} \cdot \sin\vartheta \frac{d}{d\vartheta}\, (\sin\vartheta \cdot \Theta'(\vartheta)) + \alpha \sin^2\vartheta = \beta \qquad (20.12)$$

aufspaltet, die jede nur noch von einer Variablen abhängen. β ist eine Konstante; ferner ist

$$\Theta'(\vartheta) = \frac{d\Theta}{d\vartheta}, \quad \Phi''(\varphi) = \frac{d^2\Phi}{d\varphi^2}.$$

Die Lösungen von (20.11) sind

$$\Phi(\varphi) = e^{im\varphi} \cdot \Phi^0 \qquad (20.13)$$

mit beliebigen Werten von

$$m^2 = \beta. \qquad (20.14)$$

Die physikalische Eindeutigkeitsbedingung (20.4) verlangt jedoch

$$\Phi(\varphi + 2\,\pi) = \Phi(\varphi),$$

d. h.

$$e^{im2\pi} = 1,$$

und dies ist nur für ganze Zahlen

$$m = 0, \pm 1, \pm 2 \ldots \qquad (20.15)$$

erfüllt. Die Existenz der ganzen Zahl *(Quantenzahl) m* folgt also zwanglos aus der physikalischen Forderung der Eindeutigkeit. Φ^0 ist eine willkürliche Konstante. Setzen wir

$$\Phi^0 = \frac{1}{\sqrt{2\,\pi}}, \qquad (20.16)$$

so wird

$$\int_0^{2\pi} \Phi^* \, \Phi \, d\varphi = 1, \qquad (20.17)$$

d. h. $\Phi(\varphi)$ ist für sich normiert, was wir von jetzt an voraussetzen wollen.

Einsetzen von (20.14) in (20.12) liefert eine Gleichung, die ebenfalls nur für ganz bestimmte Werte der bisher noch unbestimmten Konstanten α physikalisch vernünftige Lösungen hat, nämlich für

$$\alpha = l\,(l+1)\,, \qquad (20.18)$$

wobei l ganze Zahlen sind, die der Bedingung

$$l \geq |m| \qquad (20.19)$$

genügen. Das heißt bei gegebenem l ist umgekehrt m eine der Zahlen

$$m = 0, \pm 1, \ldots, \pm l\,. \qquad (20.20)$$

Die Gl. (20.12) hat also für jedes l genau $(2\,l+1)$ verschiedene, durch den Wert von m unterschiedene Lösungen $\Theta_{lm}\,(\cos\vartheta)$. Es sind dies bis auf willkürliche Faktoren Θ_{lm}^0 die *zugeordneten Kugelfunktionen* $P_l^m\,(x)$, mit $x = \cos\vartheta$. Wir definieren für alle $m = l, \ldots\ldots, -l$ (andere Definitionen unterscheiden sich nur durch Phasenfaktoren ± 1, siehe „Einführung in die Festkörperphysik II")

$$\Theta_{lm}\,(\cos\vartheta) = \Theta_{lm}^0\, P_l^m\,(\cos\vartheta) \qquad (20.21)$$

mit

$$P_l^m\,(x) = \frac{1}{2^l \cdot l!}\,(1-x^2)^{\frac{m}{2}}\,\frac{d^{l+m}\,(x^2-1)^l}{dx^{l+m}}\,.$$

Die Θ_{lm} sind reelle Funktionen. Setzen wir die willkürliche Konstante gleich

$$\Theta_{lm}^0 = \sqrt{\frac{2\,l+1}{2}\cdot\frac{(l-m)!}{(l+m)!}}\,, \qquad (20.22)$$

so ist auch $\Theta_{lm}\,(\cos\vartheta)$ für sich normiert:

$$\int_0^\pi \Theta_{lm}^2(\cos\vartheta)\,\sin\vartheta\,d\vartheta = 1\,, \qquad (20.23)$$

und die Winkelabhängigkeit von $\psi\,(r, \vartheta, \varphi)$ wird ausgedrückt durch die *normierten Kugelflächenfunktionen* (siehe den Anhang!)

$$Y_{lm}\,(\vartheta, \varphi) = \sqrt{\frac{2\,l+1}{4\,\pi}\cdot\frac{(l-m)!}{(l+m)!}}\cdot P_l^m\,(\cos\vartheta)\,e^{im\varphi}\,, \qquad (20.24)$$

$$Y_{l-m}\,(\vartheta, \varphi) = (-1)^m\,Y_{lm}^*\,(\vartheta, \varphi)\,.$$

Wir erhalten schließlich den Radialanteil $R(r)$ von ψ aus (20.8), wenn wir für α den Wert $l\,(l+1)$ einsetzen. In dieser Gleichung kommt die Energie W vor. Wenn die *Schrödinger*-Gleichung überhaupt sinnvoll ist, muß sich also hier die Quantelung der Energie ergeben. Die Diskussion der Lösungsmöglichkeiten von (20.8) erfordert die Unterscheidung der folgenden beiden Fälle:

a) $W \leq 0$. Das Elektron ist an den Kern gebunden.

b) $W \geq 0$. Das Elektron entflieht dem Kern, da die kinetische Energie größer ist als der Betrag der potentiellen Energie.

Fall a: Stationäre (gebundene) Zustände. Hier hat (20.8) nur für ganz bestimmte Energiewerte Lösungen, die den physikalischen Forderungen (20.3) und (20.4) genügen, und zwar sind dies wirklich gerade die Bohrschen Energien (14.7)

$$W_n = -\frac{1}{2}\frac{m_{eo}\,e^4\,Z^2}{(4\,\pi\,\varepsilon_0\,\hbar)^2}\cdot\frac{1}{n^2} = -hc\,\tilde{R}_\infty\,Z^2\cdot\frac{1}{n^2}\,, \qquad (20.25)$$

wobei die so definierte neue Quantenzahl *n (die Hauptquantenzahl)* einen der Werte

$$n\geq l+1 \atop n=l+1,\,l+2,\dots \qquad (20.26)$$

haben kann. Zu einem gegebenen W_n gehören mehrere Lösungen von (20.8), die sich durch den Wert von $l \leq n-1$ unterscheiden und reell sind. Sie haben die Form

$$R_{nl}\,(r) = r^l\,L\,(r)\,e^{-\dfrac{Zr}{a_{\mathrm H}}\cdot\dfrac{1}{n}}. \qquad (20.27)$$

Dabei ist $a_{\mathrm H}$ der als Einheit für r auftretende kleinste Bohrsche Wasserstoffradius (13.9) und $L(r)$ ein Polynom [1] mit $a_0 \neq 0$

$$L\,(r) = \sum_{i=0}^{n-l-1} a_i\,r^i\,. \qquad (20.28)$$

in r vom Grade $n-l-1$, deren Koeffizienten a_i wir uns gleich mit einem konstanten gemeinsamen Faktor multipliziert denken, der so gewählt ist, daß

$$\int_0^\infty R_{ln}^2\,(r)\,r^2\,\mathrm dr = 1\,, \qquad (20.29)$$

d. h. auch $R_{nl}\,(r)$ für sich normiert ist. Wegen (20.29), (20.23) und (20.17) sind also auch die Gesamtlösungen normiert:

$$\int_0^\infty\int_0^\pi\int_0^{2\pi}\psi_{nlm}^*\,\psi_{nlm}\,r^2\,\mathrm dr\,\sin\vartheta\,\mathrm d\vartheta\,\mathrm d\varphi$$

$$=\int_0^\infty R_{nl}^2\,(r)\,r^2\,\mathrm dr\int_0^\pi\int_0^{2\pi}Y_{lm}^*(\vartheta,\varphi)\,Y_{lm}\,(\vartheta\varphi)\,\sin\vartheta\,\mathrm d\vartheta\,\mathrm d\varphi = 1\,. \qquad (20.30)$$

Sie sind übrigens auch *orthogonal*, d. h. für das Produkt zweier *verschiedener* Lösungen verschwindet das Integral. Es ist also allgemein

$$\int_0^\infty\int_0^\pi\int_0^{2\pi}\psi_{n'l'm'}^*\,\psi_{nlm}\,r^2\,\mathrm dr\,\sin\vartheta\,\mathrm d\vartheta\,\mathrm d\varphi = \delta_{n'n}\,\delta_{l'l}\,\delta_{m'm}\,, \qquad (20.31)$$

wobei jedes δ-Symbol den Wert 1 bei gleichen, aber den Wert 0 bei ungleichen Indizes hat.

---

[1] Die Berechnung der Koeffizienten würde hier zu weit führen. Die explizite Form der R_{nl} siehe im Anhang.

Da bei gegebenem n nach (20.26) einer der l-Werte

$$l = 0, 1, 2, \ldots n-1 \qquad (20.32)$$

und bei jedem l einer der $(2\,l+1)$ verschiedenen m-Werte (20.20) reali-siert sein kann, die Energie nach (20.25) aber nur von n abhängt, ge-hören zu jedem Energiewert

$$\sum_{l=0}^{n-1} (2\,l+1) = n^2 \qquad (20.33)$$

verschiedene Lösungen derselben (gleicher Wert W_n der Energie W) *Schrödinger*-Gleichung. Man sagt: der Energiewert W_n ist n^2-fach ent-artet. In Abb. 19 ist das schematisch dargestellt. Diese Entartung kann durch äußere (elektrische oder magnetische Felder) oder innere (Rumpf-elektronen, relativistische Massenabhängigkeit) Störungen des Elektrons ganz oder teilweise aufgehoben werden, d. h. die n^2 Zustände erhalten durch die Störungen etwas verschiedene Energien, der vorher entartete Energiewert W_n spaltet auf.

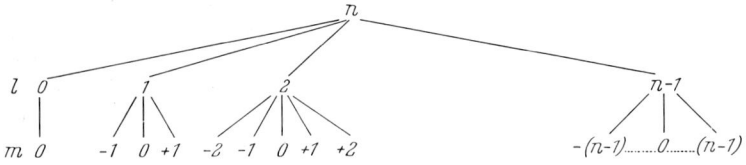

Abb. 19. Übersicht über die n^2 zur gleichen Energie W_n des Einelektronensystems gehörenden Zustände ψ_{nlm}

Die Wellenmechanik liefert also ohne jedes zusätzliche Postulat, allein aus der Forderung, daß nur die im Sinn von (20.3) und (20.4) physikalisch vernünftigen Lösungen der *Schrödinger*-Gleichung benutzt werden sollen, bereits die richtige Quantelung der Energie und die *drei* Quantenzahlen *Hauptquantenzahl n*, *Bahnquantenzahl l* und *magne-tische Quantenzahl m* [1]. Außerdem ist sie, da von einer „Bahn" des Elektrons gar nicht geredet wird [2], frei von dem in Abschn. 17 behandel-ten inneren Widerspruch der Bohrschen Theorie. Warum letztere trotz dieses inneren Widerspruches eine so gute Näherung darstellt, beant-wortet sich folgendermaßen: Die Aufenthaltswahrscheinlichkeit des Elektrons im Abstand r vom Kern, d. h. in der Kugelschale zwischen r und $r + dr$ erhält man, indem man in (19.8) $dx\,dy\,dz = r^2\,dr\,\sin\vartheta\,d\vartheta\,d\varphi$

---

[1] Der Grund für die beiden letzten Bezeichnungen ergibt sich im nächsten Abschnitt.

[2] Der tiefere Grund hierfür ist darin zu suchen, daß eine exakte Aussage über den raum-zeitlichen Ablauf der Bahnbewegung durch kein Experiment kontrollierbar wäre, also sinnlos ist. Siehe Abschnitt 47.

setzt und die Integration über die Winkel ausführt. Wegen (20.5), (20.10), (20.17) und (20.23) fällt die Quantenzahl m heraus, es ist

$$r^2 \, dr \int\limits_0^\pi \int\limits_0^{2\pi} \psi^*_{nlm} \psi_{nlm} \sin \vartheta \, d\vartheta \, d\varphi = R^2_{nl}(r) \, r^2 \, dr \, . \qquad (20.34)$$

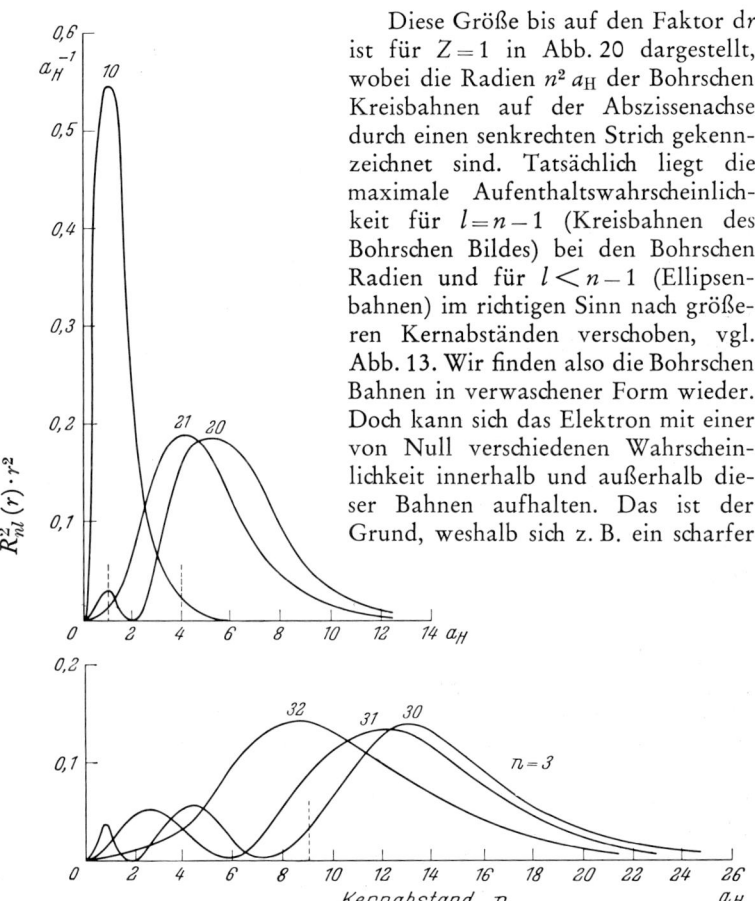

Diese Größe bis auf den Faktor dr ist für $Z = 1$ in Abb. 20 dargestellt, wobei die Radien $n^2 a_\mathrm{H}$ der Bohrschen Kreisbahnen auf der Abszissenachse durch einen senkrechten Strich gekennzeichnet sind. Tatsächlich liegt die maximale Aufenthaltswahrscheinlichkeit für $l = n - 1$ (Kreisbahnen des Bohrschen Bildes) bei den Bohrschen Radien und für $l < n - 1$ (Ellipsenbahnen) im richtigen Sinn nach größeren Kernabständen verschoben, vgl. Abb. 13. Wir finden also die Bohrschen Bahnen in verwaschener Form wieder. Doch kann sich das Elektron mit einer von Null verschiedenen Wahrscheinlichkeit innerhalb und außerhalb dieser Bahnen aufhalten. Das ist der Grund, weshalb sich z. B. ein scharfer

Abb. 20. Radiale Elektronendichte $R^2_{nl}(r) \cdot r^2$ im H-Atom. Die hier dargestellte Größe gibt nach Multiplikation mit dr die Aufenthaltswahrscheinlichkeit des Elektrons in der Kugelschale zwischen den Radien r und $r + dr$. Sie ist nach (20.27) Null für $r = 0$, für $r = \infty$ und auf $n - l - 1$ endlichen Kugelflächen. Einheit für r und dr: Bohrscher kleinster Radius a_H. Oben für $n = 1$ und $n = 2$, unten für $n = 3$. Die Zahlen an den Kurven geben die Werte der Quantenzahlen nl.

Atomradius nicht definieren läßt. Wesentlich werden die Unterschiede gegen das Bohrsche Modell auch, wenn wir nicht, wie in (20.34) über die Winkelverteilung integrieren, sondern die wahre räumliche Verteilung der Aufenthaltswahrscheinlichkeit, d. h. die mittlere *Elektronen-oder Ladungswolke* in einem Zustand ψ_{nlm} betrachten. Wie Abb. 21 zeigt, ist die Ladungsverteilung des H-Atoms im Grundzustand keineswegs wie in der Bohrschen Theorie eben, sondern in Übereinstimmung mit dem Experiment kugelsymmetrisch. Dagegen sind alle Zustände mit $l > 0$ anisotrop mit Rotationssymmetrie um die z-Achse.

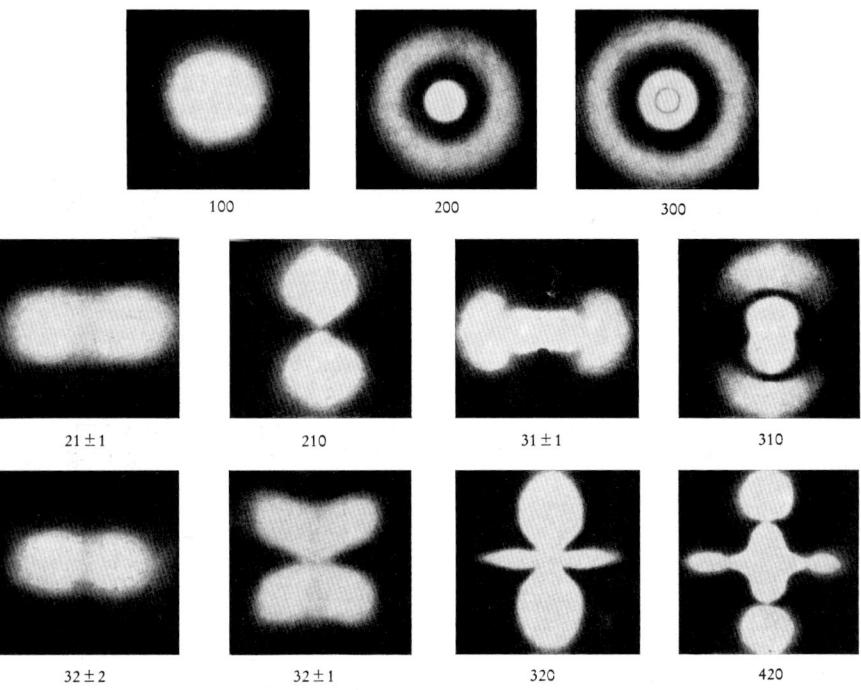

Abb. 21. Räumliche Elektronendichte. (Aufenthaltswahrscheinlichkeitsdichte des Elektrons) $\psi^* \psi$ des Einelektronsystems nach White. Die Bilder sind um eine vertikal in der Zeichenebene liegende Achse (z-Achse) rotierend zu denken. Die Zahlentripel unter den Bildern geben die Werte der Quantenzahlen nlm des betreffenden Zustands. Drehimpulsfreie Zustände $l = 0$ (erste Reihe) sind kugelsymmetrisch. Der Abbildungsmaßstab ist bei Übergang zu höheren n-Werten proportional n^{-2} verkleinert, in Wirklichkeit nimmt der Radius der Elektronenwolke etwa proportional n^2 zu, vgl. Abb. 20

Die berechtigte physikalische Frage, wie das in dem kugelsymmetrischen *Coulomb*-Feld möglich ist, ist folgendermaßen zu beantworten: Die z-Achse ist tatsächlich nur mathematisch durch die Wahl des $(r\,\vartheta\,\varphi)$-Koordinatensystems ausgezeichnet. Diese Auszeichnung wird physikalisch durch die Entartung von W_n wieder aufgehoben. Überlagert man nämlich jeweils alle zum gleichen n gehörenden Teilbilder von Abb. 21, so ergibt sich schon qualitativ eine kugelsymmetrische Ladungsverteilung. Dem entspricht rechnerisch, daß

$$\sum_{l=0}^{n-1} \sum_{m=-l}^{l} |\psi_{nlm}|^2 = \frac{1}{4\pi} \sum_{l=0}^{n-1} (2l+1)\, R_{nl}^2(r) \qquad (20.35)$$

unabhängig von (ϑ, φ) ist.

Allerdings muß bemerkt werden, daß mit den n^2 miteinander entarteten Lösungen ψ_{nlm} auch alle beliebigen Linearkombinationen

$$\psi_{ni} = \sum_{l=0}^{n-1} \sum_{m=l}^{-l} a_{lmi}\, \psi_{nlm}, \qquad (20.36)$$

die der Normierungsbedingung

$$\sum_{l,m} |a_{lmi}|^2 = 1 \qquad (20.37)$$

genügen, Lösungen der homogenen Schrödinger-Gleichung (19.6) zu W_n sind. Die zu einer entarteten Energie gehörenden Lösungen sind also immer unbestimmt. Eindeutig bestimmte Lösungen erhält man, wenn man W_n in n^2 einfache Niveaus mit etwas verschiedener Energie aufspaltet, etwa durch Einschalten eines (schwachen) elektrischen und magnetischen Feldes parallel z[1]. Zu diesen Niveaus gehören eindeutig die Lösungen ψ_{nlm}. Man beachte, daß die Felder rotationssymmetrisch um z sind. Dem entspricht die Rotationssymmetrie der $|\psi_{nlm}|^2$, d. h. der Teilbilder in Abb. 21. Wenn die Feldstärken stetig gegen Null gehen, entsteht eine kugelsymmetrische Elektronenhülle durch Überlagerung von anisotropen Ladungswolken nach (20.35).

Fall b: Instationäre Zustände. In diesem Fall hat die *Schrödinger*-Gleichung endliche Lösungen für *jeden* positiven Wert von W. An das diskrete schließt sich also ein kontinuierliches Energiespektrum an, d. h. auch das Seriengrenzkontinuum wird von der *Schrödinger*-Gleichung völlig zwanglos beschrieben. Die Lösungen in diesem Energiebereich haben in hinreichendem Abstand ($r \to \infty$) vom Kern die Form

$$\psi_{W,lm}(r,\vartheta,\varphi) = \frac{C}{r}\, e^{\pm i\,(kr - \beta \ln r)}\, Y_{lm}(\vartheta,\varphi), \qquad (20.39)$$

wobei C, k, β von der Energie W abhängige Konstanten sind. Die Winkelabhängigkeit ist also dieselbe wie bei den diskreten Zuständen, nur der radiale Teil ist geändert.

Zum Schluß noch eine Bemerkung zur Terminologie. Da die Energien W_n dadurch ausgezeichnet sind, daß nur für sie die *Schrödinger*-Gleichung vernünftige Lösungen hat, nennt man sie in Übereinstimmung mit der Theorie der Differentialgleichungen die *Eigenwerte* der

---

[1] Ganz allgemein: Die zu einem entarteten Energiewert gehörenden Lösungen der *Schrödinger*-Gleichung sind in diesem Sinne unbestimmt.

Eigenwertgleichung. Die zu W_n gehörigen Lösungen heißen *Eigenfunktionen* oder, mehr physikalisch, *Eigenzustände* zum Eigenwert W_n, im Fall $W_n < 0$ *stationäre* Eigenzustände. Wir werden im nächsten Abschnitt neben der *Schrödinger*-Gleichung noch weitere Eigenwertgleichungen kennenlernen und ihre Eigenwerte zum Vergleich mit dem Experiment angegeben.

Aufgabe 18. Zeige, daß bei Mitbewegung des Kerns um den gemeinsamen Schwerpunkt von Kern und Elektron die für dies Zweikörperproblem gültige *Schrödinger*-Gleichung durch Einführen der Schwerpunktskoordinaten und der reduzierten Masse wieder auf die Form der Gleichung für das Einkörperproblem gebracht werden kann und daß die Änderung der Eigenwerte gerade zu der Gl. (13.14) führt.

Aufgabe 19. Mit Hilfe der in der Vorlesung hergeleiteten Lösungen ψ_{nlm} der *Schrödinger*-Gleichung berechne man den Winkelanteil der Wasserstoffeigenfunktionen für $l=0$ bis $l=2$.

a) Man skizziere in Polardiagrammen $|\psi_{nlm}|^2$ als Funktion von ϑ.

b) Daneben stelle man die Nullstellen des Imaginärteiles von ψ_{nlm} auf der Einheitskugel dar und bezeichne positive und negative Bereiche von ψ_{nlm}.

Aufgabe 20. Man schreibe die *Schrödinger*-Gleichung für ein kräftefreies parallel zur x-Achse fliegendes Teilchen an und löse sie durch den Ansatz einer ebenen fortlaufenden komplexen Welle. Welcher Zusammenhang besteht zwischen der Energie und dem Wellenvektor des Teilchens?

Aufgabe 21. Ein Teilchen der Energie W fliege parallel zur x-Achse über eine Potentialstufe (für $x < 0$ sei $P=0$, für $x > 0$ sei $P=A$). Man löse die *Schrödinger*-Gleichung für positive A und $W \gtrless A$ und für negative A wie in Aufgabe 20. (Hilfe: Die Eigenfunktionen gehen stetig und mit stetiger erster Ableitung über die Stufe. Reflektierte Wellen nicht vergessen!)

Das Ergebnis diskutiere man im Wellen- und im Korpuskelbild und vergleiche es mit dem, das man bei klassischer Behandlung des Problems erhalten hätte.

Aufgabe 22. In einem Potentialtopf der Breite a mit unendlich hohen Wänden ($P=0$ für $|x| \leq a/2$, $P \to \infty$ für $|x| > a/2$) bewege sich ein Teilchen der Gesamtenergie W parallel zur x-Achse. Man bestimme Eigenfunktionen und Eigenwerte W aus der *Schrödinger*-Gleichung. An den Wänden des Topfes verschwindet die Eigenfunktion. Für hohe Energien vergleiche man die Aufenthaltwahrscheinlichkeit des Teilchens mit der klassisch berechneten.

21. Operatorgleichungen. Drehimpuls- und Richtungsquantelung

In der klassischen Physik wird die Energie eines Teilchens dargestellt durch die Hamilton-Funktion

$$H(\mathfrak{p}, \mathfrak{r}) = \frac{p_x^2 + p_y^2 + p_z^2}{2m_o} + P(\mathfrak{r}), \qquad (21.1)$$

wobei das erste Glied die kinetische, das zweite die potentielle Energie und

$$\mathfrak{p} = m_o \, \mathfrak{v}$$

der Impulsvektor ist. Es gilt der Energiesatz

$$H\,(\mathfrak{p},\mathfrak{r}) = W, \tag{21.2}$$

wobei W die Energiekonstante ist. In der Quantentheorie andererseits werden konstante Werte W der Energie durch die Schrödinger-Gleichung (19.6) geliefert, die man auch in der folgenden Form schreiben kann:

$$\left[-\frac{\hbar^2}{2\,m_0} \left(\frac{\partial^2}{\partial x^2} + \frac{\partial^2}{\partial y^2} + \frac{\partial^2}{\partial z^2} \right) + P\,(\mathfrak{r}) \right] \psi = W\psi. \tag{21.3}$$

Der Vergleich mit (21.2) und (21.1) zeigt: man kann vom Energiesatz der klassischen Hamiltonschen Mechanik zur Schrödinger-Gleichung kommen, wenn man den Energiesatz von rechts mit ψ „multipliziert" und die *Hamilton-Funktion* als *Hamilton-Operator auffaßt*. Dieser entsteht dadurch, daß man die *Impuls-Operatoren*

$$\boldsymbol{p}_x = \frac{\hbar}{i}\, \frac{\partial}{\partial x}$$

$$\boldsymbol{p}_y = \frac{\hbar}{i}\, \frac{\partial}{\partial y} \tag{21.4}$$

$$\boldsymbol{p}_z = \frac{\hbar}{i}\, \frac{\partial}{\partial z}$$

einführt und an der Stelle von p_x, p_y, p_z in die klassische Hamilton-Funktion (21.1) einsetzt. Das „Quadrat" eines Operators bedeutet die Vorschrift, den Operator zweimal nacheinander anzuwenden [1], also

$$\left(\frac{\partial}{\partial x} \right)^2 \varrho \text{ bedeutet } \frac{\partial}{\partial x} \left(\frac{\partial \varrho}{\partial x} \right) = \frac{\partial^2 \varrho}{\partial x^2}.$$

Nach dieser Auffassung ist die Schrödinger-Gleichung nichts anderes als die Eigenwertgleichung des Hamilton- oder Energieoperators [2]:

$$\boldsymbol{H}\,\psi_{nlm} = W_n \cdot \psi_{nlm}, \tag{21.5}$$

wobei die Indizes im Spezialfall des Einelektronenatoms gelten. Hier wie im folgenden werden Operatoren stets durch fetten Druck, ihre Eigenwerte durch magere (oft die gleichen!) Buchstaben gekennzeichnet. Gesucht sind die möglichen Eigenwerte W_n und die zugehörigen Zustände ψ_{nlm}.

Ganz analoge Eigenwertgleichungen gibt es auch für andere Operatoren. Da jeder Eigenwert zeitlich konstant ist, kommen natürlich nur solche Größen in Frage, für die analog zu (21.2) in der klassischen Physik ein Erhaltungssatz existiert. Wir behandeln den Drehimpulsoperator. Er ist definiert als Vektor [3]

$$\vec{l} = \vec{r} \times \vec{p} \tag{21.6}$$

---

[1] Beim „Ausmultiplizieren" von Operatoren die Reihenfolge beachten! Operatoren sind nicht immer vertauschbar!
[2] Lies: Operator $\boldsymbol{H}$ angewandt auf ψ_{nlm} gibt W_n mal ψ_{nlm}.
[3] Buchstaben mit Pfeil bedeuten ebenso wie deutsche Buchstaben immer Vektoren.

mit den Komponenten

$$l_x = y p_z - z p_y = \frac{\hbar}{i}\left(y\,\frac{\partial}{\partial z} - z\,\frac{\partial}{\partial y}\right)$$

$$l_y = z p_x - x p_z = \frac{\hbar}{i}\left(z\,\frac{\partial}{\partial x} - x\,\frac{\partial}{\partial z}\right) \qquad (21.7)$$

$$l_z = x p_y - y p_x = \frac{\hbar}{i}\left(x\,\frac{\partial}{\partial y} - y\,\frac{\partial}{\partial x}\right).$$

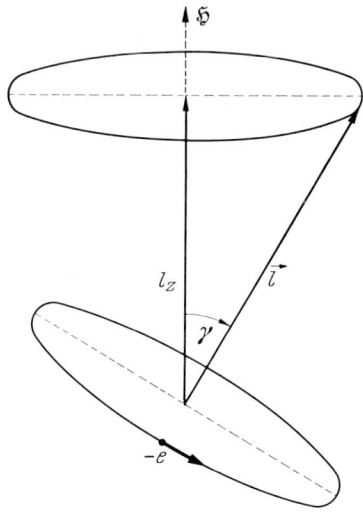

Abb. 22. Bei der Präzession des Drehimpuls-vektors $\vec{l}$ um die Feldrichtung bleiben der Betrag $|\vec{l}|$ und die feldparallele Komponente l_z zeitlich konstant

Wir formulieren den klassischen Erhaltungssatz gleich für den Spezialfall des Einelektronenatoms. Bei dessen mathematischer Behandlung im vorigen Abschnitt haben wir die z-Achse als polare Achse ausgezeichnet. Diese Auszeichnung ist für ein ungestörtes Atom ohne äußere Kräfte physikalisch nicht gerechtfertigt. Deshalb denken wir uns parallel zur z-Achse ein homogenes Magnetfeld angebracht, das die z-Achse auch physikalisch hervorhebt, das aber so schwach sein soll ($H \to 0$), daß sein energetischer Einfluß vernachlässigt werden kann [1]. Steht zur Zeit t der Drehimpulsvektor $\vec{l}$ schräg zur Feldrichtung (Abb. 22), so ist mit der Elektronenbewegung [2] ein magnetisches Moment antiparallel zu $\vec{l}$ verbunden, auf das durch das Magnetfeld ein Drehmoment ausgeübt wird (siehe Abschnitt 29). Der Vektor $\vec{l}$ präzediert also auf einem Kegel um die Feldrichtung. Das heißt, es gelten die Erhaltungssätze

$$x p_y - y p_x = l_z = \text{const.}, \qquad (21.8)$$

$$(y p_z - z p_y)^2 + (z p_x - x p_z)^2 + (x p_y - y p_x)^2 = |l|^2 = \text{const.}, \qquad (21.9)$$

während l_x und l_y zeitlich nicht konstant sind.

Faßt man jetzt die Komponenten von $\vec{l}$ als Operatoren auf, so folgen hieraus wegen (21.7) und (21.4) die Eigenwertgleichungen

$$l_z\, \varrho\,(r, \vartheta, \varphi) = \frac{\hbar}{i}\left(x\,\frac{\partial}{\partial y} - y\,\frac{\partial}{\partial x}\right)\varrho\,(r, \vartheta, \varphi) = l_z\, \varrho\,(r, \vartheta, \varphi), \qquad (21.10)$$

---

[1] Diese Einschränkung bedeutet, daß die Präzessionsfrequenz gegen Null geht. Vergleiche Abschnitt 29.

[2] Solange wir noch klassische Physik treiben, können wir uns eine Ellipsenbahn vorstellen.

$$(\boldsymbol{l}_x^2 + \boldsymbol{l}_y^2 + \boldsymbol{l}_z^2)\,\chi\,(r, \vartheta, \varphi) = -\hbar^2 \cdot \left\{ \left(y\,\frac{\partial}{\partial z} - z\,\frac{\partial}{\partial y} \right)^2 + \right. \qquad (21.11)$$

$$\left. + \left(z\,\frac{\partial}{\partial x} - x\,\frac{\partial}{\partial z} \right)^2 + \left(x\,\frac{\partial}{\partial y} - y\,\frac{\partial}{\partial x} \right)^2 \right\} \chi\,(r, \vartheta, \varphi,) = |\vec{l}\,|^2 \cdot \chi\,(r, \vartheta, \varphi)\,.$$

Gesucht sind die Eigenfunktionen ϱ und χ und die Eigenwerte l_z und $|\vec{l}\,|^2$.

Da in jedem Zustand des Systems *gleichzeitig* Energiesatz und Drehimpulssatz gelten müssen, müssen die Lösungen $\psi_{nlm}\,(r, \vartheta, \varphi)$ der Energiegleichung, die ja den Zustand des Atoms festlegen, auch Lösungen der Drehimpulsgleichungen sein. Tatsächlich ist das auch der Fall. Schreibt man nämlich (21.10) und (21.11) auf Polarkoordinaten um, so erhält man

$$\frac{\hbar}{i}\,\frac{\partial}{\partial \varphi}\,\psi_{nlm}\,(r, \vartheta, \varphi) = l_z\,\psi_{nlm}\,(r, \vartheta, \varphi)\,, \qquad (21.12)$$

$$-\hbar^2 \left\{ \frac{1}{\sin \vartheta}\,\frac{\partial}{\partial \vartheta} \left(\sin \vartheta\,\frac{\partial}{\partial \vartheta} \right) + \frac{1}{\sin^2 \vartheta}\,\frac{\partial^2}{\partial \varphi^2} \right\} \psi_{nlm}\,(r, \vartheta, \varphi) = |\vec{l}\,|^2 \cdot \\ \cdot \psi_{nlm}\,(r, \vartheta, \varphi)\,. \qquad (21.13)$$

Benutzt man wieder die Schreibweise (20.5), (20.10), (20.13), so folgt aus (21.12)

$$\frac{\hbar}{i}\,i m \cdot e^{im\varphi} = l_z \cdot e^{im\varphi}\,,$$

d. h. schon $\varrho = e^{im\varphi}/\sqrt{2}$ ist Eigenzustand von $\boldsymbol{l}_z$ mit dem Eigenwert

$$l_z = m\,\hbar\,. \qquad (21.14)$$

Aus Gl. (21.13) folgt Gl. (20.7) mit $\alpha = |\vec{l}\,|^2/\hbar^2$:

$$\qquad (21.15)$$

$$\frac{1}{\sin \vartheta}\,\frac{\partial}{\partial \vartheta} \left(\sin \vartheta\,\frac{\partial Y_{lm}\,(\vartheta, \varphi)}{\partial \vartheta} \right) + \frac{1}{\sin^2 \vartheta}\,\frac{\partial^2 Y_{lm}\,(\vartheta, \varphi)}{\partial \varphi^2} + \frac{|\vec{l}\,|^2}{\hbar^2} \cdot Y_{lm}\,(\vartheta, \varphi) = 0\,,$$

von der wir bereits wissen, daß sie nur für die Werte

$$\alpha = \frac{|\vec{l}\,|^2}{\hbar^2} = l\,(l+1) \qquad (21.16)$$

physikalisch vernünftige Lösungen hat. Es ist also schon $\chi = Y_{lm}\,(\vartheta\,\varphi)$ Eigenzustand von $\vec{l}^2$ mit dem Eigenwert

$$|\vec{l}\,|^2 = l\,(l+1)\,\hbar^2\,, \quad |\vec{l}\,| = \sqrt{l\,(l+1)} \cdot \hbar\,. \qquad (21.17)$$

Damit ist die Bedeutung der beiden Quantenzahlen l und m geklärt. Die Bahndrehimpulsquantenzahl oder Bahnquantenzahl l mißt den Betrag, die magnetische Quantenzahl m die feldparallele Komponente (z-Komponente) des mit der Bahnbewegung des Elektrons verbundenen Drehimpulses. x- und y-Komponente des Drehimpulses werden nicht gequantelt, da sie zeitlich nicht konstant bleiben.

Vergleicht man (21.17) mit dem Bohrschen Postulat 2. aus Abschn. 13, nach dem $|\vec{l}|$ ein *ganzzahliges* Vielfaches von $\hbar$ sein soll, so sieht man, daß die Bohrsche Theorie nur asymptotisch für $l \to \infty$ mit der Wellenmechanik übereinstimmt. Außerdem ist $l=0$ ein Zustand *ohne* Drehimpuls, was im Bohrschen Modell ausgeschlossen war. Außerdem sei daran erinnert, daß jetzt nach dem Übergang zur Wellenmechanik das Wort „Bahn" nicht mehr den Charakter einer exakten raum-zeitlichen Beschreibung des Bewegungsablaufes, sondern nur noch den einer anschaulichen Näherung hat. In dieser Näherung liefern tatsächlich verschmierte, nach Abb. 22 präzedierende Ellipsen die Elektronenwolken der Abb. 21 (außer für $l=0$).

Aus (21.14) und (21.17) folgt, daß der Drehimpuls sich bei seiner Präzession um die Feldrichtung nur in den $2\,l+1$ diskreten Winkeln γ_m (Abb. 22) mit

$$\cos \gamma_m = \frac{m}{\sqrt{l\,(l+1)}} \qquad (21.18)$$

zum Feld einstellen kann. Im Fall $m=0$ steht er senkrecht zum Feld, doch kann er sich wegen

$$|\,m\,| \leqq l < \sqrt{l\,(l+1)} \qquad (21.19)$$

nie genau parallel zum Feld einstellen. Die Tatsache, daß nur diskrete Richtungen von $\vec{l}$ erlaubt sind, bezeichnet man als *Richtungsquantelung*. Die verschiedenen Einstellungen haben dieselbe Energie, solange die äußere Feldstärke verschwindend klein ist *(Richtungsentartung)*. Bei endlicher Feldstärke sind jedoch verschieden ihre Energien. Abb. 23 zeigt die möglichen Einstellungen für $l=3$ im richtig dimensionierten *Drehimpulsvektorenschema*. Dabei präzedieren die Vektoren auf Kegelmänteln um die z-Achse. Diese rotationssymmetrische Bewegung, d. h. auch die Definition der Quantenzahl m setzt mindestens Rotationssymmetrie um die z-Richtung voraus, was bei einem homogenen Magnetfeld parallel z der Fall ist. Die Definition von l dagegen erfordert sogar Kugelsymmetrie, ist streng also nur bei $H \to 0$ möglich. (Hier ohne Beweis.)

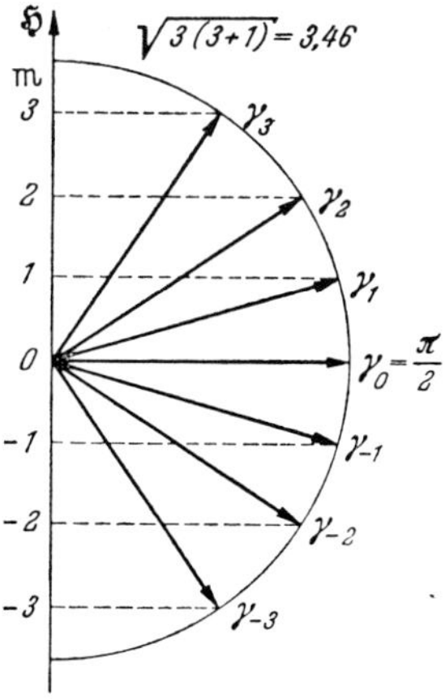

Abb. 23. Richtungsquantelung eines Dehimpulses der Quantenzahl $l=3$. Alle Längen in der Einheit $\hbar$

22. Bahn- und Spinmagnetismus eines Elektrons im Zentralfeld

In der klassischen Elektrodynamik bedeutet eine mit der Frequenz ν, d. h. der Umlaufszeit $\tau=\nu^{-1}$ auf einer geschlossenen Bahn umlaufende Ladung q einen Strom der Stärke

$$I=q\cdot\nu=\frac{q}{\tau}, \qquad (22.1)$$

der ein magnetisches Moment vom Betrag (siehe hierzu die Bemerkung zum Maßsystem, S. 163)

$$\mu_l = \mu_0 \, I \, f = \mu_0 \, f \, \frac{q}{\tau} \qquad (22.2)$$

erzeugt. f ist die von der Bahn umfaßte Fläche, μ_0 die Induktionskonstante

$$\mu_0 = 4\,\pi \cdot 10^{-7}\ \text{VsA}^{-1}\,\text{m}^{-1} = 1{,}256637 \cdot 10^{-6}\ \text{VsA}^{-1}\,\text{m}^{-1}. \qquad (22.3)$$

Betrachten wir jetzt ein im Coulomb-Feld auf einer Keplerellipse um den Kern laufendes Elektron (Abb. 24), so läßt sich die Fläche f durch den Drehimpuls $\vec{l}$ ausdrücken. Es ist

$$|\vec{l}| = m_{eo} \cdot r^2\,\dot{\varphi} = 2\,m_{eo}\,\dot{f}. \qquad (22.4)$$

Dabei ist

$$\dot{f} = \frac{1}{2}\,r^2\,\dot{\varphi}$$

die vom Fahrstrahl überlaufene Fläche je Zeiteinheit, also nach dem Flächensatz der Keplerbewegung über die ganze Bahn konstant. Man kann also setzen

$$\dot{f} - \frac{\mathrm{d}f}{\mathrm{d}t} - \frac{f}{\tau} \qquad (22.5)$$

und erhält aus (22.2) und (22.4), wenn man gleich vektoriell schreibt und $q = -e$ berücksichtigt:

$$\vec{\mu}_l = -\,\frac{\mu_0\,e}{2\,m_{eo}}\,\vec{l} = -\,\frac{\mu_B}{\hbar}\,\vec{l}. \qquad (22.6)$$

Der Vektor des magnetischen Momentes ist also wegen der negativen Elektronenladung dem Drehimpuls entgegengerichtet. Fassen wir (wie schon durch den Druck angedeutet) die Vektoren in Gl. (22.6) als Operatoren auf, so ergeben sich wegen (21.14) und (21.17) die folgenden (beobachtbaren) Eigenwerte des magnetischen Moments:

Abb. 24. Drehimpuls und magnetisches Bahn-Moment eines auf einer Kepler-Ellipse umlaufenden Elektrons

$$|\mu_l| = \sqrt{l\,(l+1)} \cdot \mu_B, \qquad (22.7)$$

$$\mu_{lz} = -m \cdot \mu_B, \qquad (22.8)$$

wobei

$$\mu_B = \frac{\mu_0\,e\,\hbar}{2\,m_{eo}} \qquad (22.9)$$

das Bohrsche *Magneton* ist, das als atomare Einheit des magnetischen Momentes auftritt. Mit dem Drehimpuls ist also auch das magnetische Moment gequantelt, d. h. die Quantenzahlen legen auch das magnetische

Verhalten des Atoms fest. Zum Beispiel hat die energetisch tiefste Bahn eines Einelektronenatoms ($n = 1, l < n$ also $l = m = 0$) *kein* magnetisches Moment, kann also nicht paramagnetisch sein.

Dem steht der experimentelle Befund gegenüber, daß atomarer Wasserstoff sowie die Alkaliatome paramagnetisch sind, und zwar mit einem magnetischen Moment von gerade *einem* Bohrschen Magneton. Unsere Theorie ist also noch nicht vollständig. Wie UHLENBECK und GOUDSMIT 1925 gezeigt haben, muß man dem Elektron außer Masse und Ladung noch eine Eigenrotation, d. h. einen Drehimpulsoperator *(Elektronenspin)* $\vec{s}$ und damit ein eigenes magnetisches Moment $\vec{\mu_s}$ zuschreiben, nach Art etwa der Erdrotation um die Nord-Süd-Achse und des erdmagnetischen Momentes. Dabei sind analog zu den Gleichungen (21.14) und (21.17), die in der Quantenmechanik *formal* für *jeden* Drehimpuls gelten, die Eigenwerte von $\vec{s}$ gegeben durch

$$|\vec{s}| - \sqrt{s\,(s+1)} \cdot \hbar \,, \tag{22.10}$$

$$s_z = m_s \cdot \hbar \,. \tag{22.11}$$

Jedoch ist im Gegensatz zur Bahnquantenzahl l die *Spinquantenzahl s* nicht ganzzahlig, sondern s hat nach aller Erfahrung (vgl. S. 95) nur den einen Wert

$$s = \frac{1}{2} \,, \tag{22.12}$$

woraus für die *magnetische Spin*quantenzahl [1] m_s die beiden Möglichkeiten

$$m_s = \pm \frac{1}{2} = \pm s \tag{22.13}$$

folgen und die Eigenwerte (22.10) und (22.11) zu

$$|\vec{s}| = \sqrt{3/4}\ \hbar = 0,87\ \hbar \tag{22.14}$$

$$s_z = \pm 1/2\ \hbar = \pm 0,5\ \hbar \tag{22.15}$$

werden. Der Betrag des Spins ist also für alle Elektronen immer derselbe, und für die Richtung existieren zwei Möglichkeiten. Würde man analog zum Bahnmagnetismus mit $m_s = \pm 1/2$ nach (22.8) die einem äußeren Felde parallele Komponente *(z-Komponente)* des magnetischen Momentes berechnen, so würde man ein halbes Magneton bekommen. Da jedoch alle Experimente, in die das magnetische Moment des Elektrons eingeht, ein ganzes Magneton verlangen, treten neben (22.6) bis (22.8) die Gleichungen

$$\vec{\mu_s} = -2\,\frac{\mu_B}{\hbar}\,\vec{s}, \tag{22.16}$$

---

[1] Die bisher m genannte *magnetische Bahn*quantenzahl wird zur Unterscheidung in Zukunft m_l genannt.

$$| \vec{\mu_s} | = 2 \sqrt{s\,(s+1)} \cdot \mu_B , \qquad (22.17)$$

$$\mu_{sz} = -2\, m_s \cdot \mu_B . \qquad (22.18)$$

Das Auftreten des Faktors 2 (genau: 2,002319277 ± 0,000000006) an dieser Stelle wird oft als *magnetische Anomalie* des Spins bezeichnet. Auch hier ist das magnetische Moment dem Drehimpuls entgegengerichtet.

Streng genommen besteht die Anomalie in der Halbzahligkeit von s. Sie bedeutet, daß es nicht erlaubt ist, die Drehbewegung des Elektrons als Rotation eines starren Körpers quantitativ durch die Angabe eines Drehwinkels $\varphi(t)$ im dreidimensionalen Raum zu beschreiben. Die Quantelung einer solchen Bewegung würde auf ganze s führen, wie z. B. bei rotierenden Molekeln. Die Richtung des Spins muß deshalb durch eine besondere Spinvariable σ beschrieben werden, die nur die beiden Werte $\sigma = \pm 1/2$ (aus denen der sogenannte „Spinraum" besteht) annehmen kann. Die vollständigen Eigenzustände eines Einelektronensystems haben dann die Form $\psi(x, y, z, \sigma)$. Das oben benutzte Modell der Erdrotation darf also nicht zu wörtlich genommen werden.

Es sei schon hier angemerkt, daß man das mit dem *Gesamtdrehimpuls* $\vec{J}$ (siehe Abschnitt 23) verbundene magnetische Moment $\vec{\mu_J}$ eines Atoms durch die Operatorgleichung

$$\vec{\mu_J} = -g_J \frac{\mu_B}{\hbar} \vec{J} \qquad (22.19)$$

darstellen kann. Dabei heißt g_J der *Landésche g-Faktor*. Für die oben behandelten Spezialfälle einer einzelnen Elektronenbahn oder eines einzelnen Elektronenspins ist $\vec{J} = \vec{l}$, $g_l = 1$ oder $\vec{J} = \vec{s}$, $g_s = 2$.

F. Die Theorie der Mehrelektronensysteme

Eine exakte Theorie der Atome mit mehreren Elektronen setzt die formale Beherrschung der Grundlagen der Quantentheorie einschließlich der mathematischen Beschreibung des Spins voraus. Sie überschreitet also den Rahmen dieser Einführung. Wir werden deshalb zwar die *Schrödinger*-Gleichung aufstellen und durch ihre Diskussion einen Überblick über die möglichen *Kopplungstypen* gewinnen, Einzelheiten aber im Rahmen des halbempirischen und anschaulicheren *Vektorgerüstmodells* behandeln. Jedoch sei betont, daß die Ergebnisse dieses Verfahrens mit denen der exakten mathematischen Theorie übereinstimmen.

23. Schrödinger-Gleichung und Kopplungstypen

Die Energie eines Atoms mit N Spin-Elektronen setzt sich zusammen aus der kinetischen Energie der Elektronen [1] und aus der elektro-

---

[1] Der Kern wird hier als ruhend angenommen.

statischen und der magnetischen Wechselwirkung zwischen den Teilchen. Der *Hamilton*-Operator hat also die Form

$$H = H_{kin} + H_{el} + H_{magn} . \tag{23.1}$$

Die kinetische Energie hat nach Gl. (21.1) die Form

$$H_{kin} = \sum_{i=1}^{N} \frac{p_{ix}^2 + p_{iy}^2 + p_{iz}^2}{2\,m_{eo}} \tag{23.2}$$

mit

$$p_{1x} = \frac{\hbar}{i} \frac{\partial}{\partial x_1}, \ldots \text{ usw.} \tag{23.3}$$

Die elektrostatische Energie setzt sich zusammen aus der Coulomb-Energie der Elektronen im Feld des Z-fach geladenen Kerns und der Coulombschen Abstoßungsenergie zwischen den Elektronen, also

$$H_{el} = - \sum_{i=1}^{N} \frac{Ze^2}{4\,\pi\,\varepsilon_0\,r_i} + \frac{1}{2} \sum_{i=1}^{N} \sum_{k=1}^{N} \frac{e^2}{4\,\pi\,\varepsilon_0\,r_{ik}} \tag{23.4}$$

wobei r_i^{-1} und r_{ik}^{-1} den reziproken Abstand des i-ten Elektrons vom Kern und vom k-ten Elektron bedeuten ($k \neq i$).

Die magnetische Energie beruht auf der Wechselwirkung der mit den Bahn- und Spin-Drehimpulsen der einzelnen Elektronen verbundenen magnetischen Momente. Ihr größter Anteil ist die magnetische Einstellenergie jedes Spins in einem effektiven Magnetfeld, das, vom Elektron aus gesehen, durch den Bahnumlauf des geladenen Kerns (Ringstrom) am Ort des Elektrons erzeugt wird. Sie ist dem Skalarprodukt aus magnetischem Moment des Elektrons und der Magnetfeldstärke proportional. Da erstere dem Spin $\vec{s}_i$, letztere dem Bahndrehimpuls $\vec{l}_i$ proportional ist, gilt für $l_i > 0$ (ein kleiner Effekt bei $\vec{l}_i = 0$ wird vernachlässigt)

$$H_{magn} = \sum_{i=1}^{N} \zeta(r_i)\,\vec{l}_i\,\vec{s}_i \tag{23.5}$$

wobei die Faktoren $\zeta(r_i)$ vom Abstand r_i zwischen Kern und Elektron, d h. von der Größe der Bahnen abhängen. Die in Gl. (23.5) angeschriebene Energie heißt die Spin-Bahn-Wechselwirkung oder *Spin-Bahn-Kopplung*. Analog zu ihr lassen sich noch magnetische Wechselwirkungen zwischen Bahnen und Spins verschiedener Elektronen anschreiben, die jeweils den Skalarprodukten $\vec{l}_i\,\vec{s}_k$, $\vec{l}_i\,\vec{l}_k$, $\vec{s}_i\,\vec{s}_k$ proportional sind. Im Gegensatz zur Spin-Bahn-Kopplung, bei der sich ein Elementarmagnet im Zentrum eines starken Ringstroms befindet, die magnetische Energie in jedem Augenblick des Elektronenumlaufs also dasselbe Vorzeichen hat, können die magnetischen Wechselwirkungsenergien zwischen den Spins und Bahnelementen zweier auf verschiedenen Bahnen laufender Teilchen während der Periode ihr Vorzeichen wechseln. Ihre Erwartungswerte, d. h. die allein beobachtbaren Mittelwerte über die Bahnbewegung sind deshalb klein. Da sie sogar nur von der Größenordnung relativistischer Effekte sind, lassen wir sie im Rahmen unserer nichtrelativistischen Theorie von vornherein weg und betrachten Gl. (23.5) als vollständige Darstellung der magnetischen Energie.

Die *Schrödinger*-Gleichung ist demnach

$$H\psi = \sum_{i=1}^{N} \left\{ \frac{p_{ix}^2 + p_{iy}^2 + p_{iz}^2}{2\,m_{eo}} - \frac{Ze^2}{4\,\pi\,\varepsilon_0\,r_i} + \right.$$
$$\left. + \frac{1}{2} \sum_{k=1}^{N} \frac{e^2}{4\,\pi\,\varepsilon_0\,r_{ik}} + \zeta(r_i)\,\vec{l_i}\,\vec{s_i} \right\} \psi = W\psi \qquad (23.6)$$

Die Eigenzustände $\psi(x_1, \ldots z_N, \sigma_1, \ldots \sigma_N)$ sind Funktionen von $3N$ Orts- und N Spinvariabeln, und die Größe $|\psi(x_1 \ldots \sigma_N)|^2 \, dx_1 \ldots dz_N$ bedeutet die Wahrscheinlichkeit, gleichzeitig das erste Elektron bei x_1, y_1, z_1 im Volumelement $dx_1\,dy_1\,dz_1$, das zweite bei x_2, y_2, z_2 in $dx_2\,dy_2\,dz_2$ usw. anzutreffen, wobei die Spinrichtungen dadurch bestimmt sind, wie ψ von den $\sigma_1 \ldots \sigma_N$ abhängt. Die Operatoren p_{ix}^2, p_{iy}^2, p_{iz}^2, r_i^{-1}, r_{ik}^{-1} und l_{ix}, l_{iy}, l_{iz} wirken auf die Ortskoordinaten, die Operatoren s_{ix}, s_{iy}, s_{iz} auf die Spinkoordinaten von ψ.

Die Lösung einer so komplizierten Gleichung ist exakt nicht möglich; die Theorie muß sich mit Näherungslösungen begnügen. Man geht dabei von zwei Grenzfällen aus, die sich an Hand der *Schrödinger*-Gleichung (23.6) leicht überblicken lassen.

Vernachlässigt man in nullter Näherung zunächst die Abstoßung und die Spin-Bahn-Kopplung der Elektronen[1], so reduziert sich die *Schrödinger*-Gleichung auf die Gl.

$$H_0\,\psi_0 = \sum_{i=1}^{N} \left\{ \frac{p_{ix}^2 + p_{iy}^2 + p_{iz}^2}{2\,m_{eo}} - \frac{Ze^2}{4\,\pi\,\varepsilon_0\,r_i} \right\} \psi_0 = W_0\,\psi_0\,, \qquad (23.7)$$

die man auch bekommt, wenn man die *Schrödinger*-Gleichungen (21.5) für jedes einzelne Elektron im Kernfeld anschreibt und alle N Gleichungen addiert[2]. Durch diese Addition ergibt sich jedes W_0 als Summe der Energien (20.25) der einzelnen Elektronen:

$$W_0 = \sum_{i=1}^{N} W_{ni}\,, \qquad (23.8)$$

---

[1] Die Elektronen „wissen" also weder etwas voneinander noch daß sie einen Spin haben.
[2] Oder umgekehrt: die Gl. (23.7) ist nach den einzelnen Elektronen separierbar.

wie es übrigens bei von einander unabhängigen Teilchen evident ist. Die verschiedenen Eigenzustände sind, wie man sich durch Einsetzen in (23.7) überzeugt, Produkte der Wasserstoffeigenzustände mit Spin

$$\psi_0 = \prod_i \psi_{n_i l_i m_{li}} (r_i \, \vartheta_i \, \varphi_i) \, \chi_{m_{si}} (\sigma_i) \qquad (23.9)$$

werden also durch einen Satz von $4N$ Quantenzahlen n_i, l_i, m_{li}, m_{si} $(i = 1 \ldots N)$ der einzelnen voneinander unabhängigen Elektronen gekennzeichnet [1]. Die Energie hängt von den $\chi_{m_{si}} (\sigma_i)$, d. h. den m_{si}, nicht ab.

Beim Übergang von H_0 zum vollständigen Energieoperator H (23.6) werden zweckmäßigerweise drei Fälle unterschieden, die durch die relative Größe der beiden hinzukommenden Wechselwirkungsenergien definiert sind.

a) Die Coulombsche Abstoßung sei stark gegenüber der Spin-Bahnkopplung, die wir deshalb in 1. Näherung zunächst ganz vernachlässigen. Dann besteht noch keine Kopplung zwischen Spin und Bahn, d. h. man darf Spins und Bahnen als getrennte Systeme behandeln. Andererseits sind über die Coulombsche Abstoßung alle Elektronen miteinander gekoppelt und nur das Gesamtatom darf als physikalisches System behandelt werden. Das heißt zusammengefaßt: Der Gesamtspin

$$\vec{S} = \sum_{i=1}^{N} \vec{s}_i \qquad (23.10)$$

und der Gesamtbahndrehimpuls

$$\vec{L} = \sum_{i=1}^{N} \vec{l}_i \qquad (23.11)$$

sind als getrennte Systeme zu behandeln, für jeden gilt der Drehimpulserhaltungssatz. Daneben gilt dasselbe natürlich auch für den Gesamtdrehimpuls

$$\vec{J} = \vec{L} + \vec{S} \qquad (23.12)$$

Führt man in 2. Näherung jetzt auch die Spin-Bahn-Kopplung in H ein, so werden Spin- und Bahn-System miteinander verkoppelt und der Drehimpulserhaltungssatz gilt streng nur noch für $\vec{J}$, bei genügend schwacher Kopplung in guter Näherung aber auch noch getrennt für $\vec{L}$ und $\vec{S}$. Dieser $\vec{L}\,\vec{S}$-Kopplung oder *Russell-Saunders*-Kopplung genannte Grenzfall ist in der Natur bei den leichten Atomen realisiert [2].

b) Ist umgekehrt die Spin-Bahn-Kopplung stark gegen die Coulombsche Abstoßung, so entfällt in 1. Näherung die Kopplung verschiedener Elektronen [3], d. h. jedes Elektron ist ein System für sich. Allerdings

---

[1] Anders formuliert: all diese Quantenzahlen sind „scharf definiert".

[2] Genauer: in der linken oberen Ecke des Periodischen Systems.

[3] Die *Schrödinger*-Gleichung ist noch nach den einzelnen Elektronen separierbar.

gilt der Drehimpulssatz wegen der starken Verkopplung von $\vec{l}$ und $\vec{s}$ nur für den Gesamtdrehimpuls

$$\vec{j_i} = \vec{l_i} + \vec{s_i} \quad (i = 1, \ldots, N) \tag{23.13}$$

jedes Elektrons. Daneben gilt er natürlich wieder für den Gesamtdrehimpuls des Atoms

$$\vec{J} = \sum_i \vec{j_i} \tag{23.14}$$

und streng für ihn allein, wenn in 2. Näherung auch die *Coulomb*-Wechselwirkung zwischen den verschiedenen Elektronen eingeführt wird. Jedoch sind bei genügend schwacher *Coulomb*-Abstoßung auch die Einzeldrehimpulse $\vec{j_i}$ noch in guter Näherung konstant. Dieser, *j,j-Kopplung* genannte, Grenzfall ist in der Natur bei den schwersten Atomen realisiert [1].

c) Coulombsche Abstoßung und Spin-Bahn-Kopplung seien von gleicher Größenordnung. Dann läßt das Modell eine Aufspaltung des Atoms in Teilsysteme mit annähernd unabhängigen Drehimpulsen nicht zu. Der Drehimpulssatz ist nur für $\vec{J}$ definiert. Dieser *„mittlere Kopplung"* genannte, mathematisch komplizierteste Fall ist bei den meisten Atomen in der Mitte des periodischen Systems realisiert.

Mathematisch bedeutet das: In allen drei Fällen erfüllen die Eigenzustände ψ der vollständigen *Schrödinger*-Gleichung (23.6) auch die Eigenwertgleichungen

$$\vec{J}^2\,\psi = |\vec{J}|^2 \cdot \psi = J\,(J+1)\,\hbar^2\,\psi \tag{23.15}$$

$$J_z \psi = J_z \cdot \psi = M_J\,\hbar\,\psi \tag{23.16}$$

der Gesamtdrehimpulsoperatoren $\vec{J}^2$ und J_z. Daneben erfüllen sie in Grenzfällen oder angenähert je nach der Größe der beiden letzten Glieder in (23.6) auch die analogen Eigenwertgleichungen der Teildrehimpulsoperatoren entweder $\vec{L}^2$, L_z, $\vec{S}^2$, S_z oder $\vec{j_i}^2$, $\vec{j_{iz}}$.

Wir werden die verschiedenen Kopplungsfälle im folgenden mehr anschaulich im Rahmen des *Vektorgerüstmodells* durch Drehimpulsquantenzahlen J, M_J, ..., beschreiben, da eine exakte Lösung von (23.6) nicht möglich ist.

24. Vektorgerüstmodell. Zusammensetzung von Drehimpulsen. Kopplungstypen

Wir betrachten zunächst nur die Bahnen zweier Elektronen, gekennzeichnet durch die Vektoren $\vec{l_1}$ und $\vec{l_2}$ (Abb. 25). Sie definieren zusammen den gesamten Bahndrehimpuls [2]

$$\vec{L} = \vec{l_1} + \vec{l_2}, \tag{24.1}$$

---

[1] Genauer: in der rechten unteren Ecke des Systems.
[2] Kleine Buchstaben beziehen sich auf die Drehimpulse einzelner Elektronen, große Buchstaben auf die resultierenden Drehimpulse mehrerer Elektronen.

der nach Voraussetzung zeitlich konstant ist und somit nach der allgemeinen Drehimpulsformel gequantelt wird: es ist mit ganzen Quantenzahlen L und M_L ($|\vec{L}|^2$, $L_z =$ Eigenwerte von $\vec{L}^2$, $\boldsymbol{L_z}$)

$$|\vec{L}| = \sqrt{L\,(L+1)}\cdot\hbar\,, \tag{24.2}$$

$$L_z = M_L\cdot\hbar\,, \quad M_L = L, L-1, L-2, \ldots, -L\,. \tag{24.3}$$

Dagegen werden die Drehimpulse $\vec{l_i}$ der beiden Elektronen *nicht* gequantelt. Denn wegen der elektrostatischen gegenseitigen Abstoßung der beiden Elektronen übt jede Bahn auf die andere ein Drehmoment aus, demzufolge die beiden Vektoren $\vec{l_i}$ eine Präzession um $\vec{L}$ ausführen, also nicht zeitlich konstant sind. Je schwächer die Kopplung zwischen $\vec{l_1}$ und $\vec{l_2}$ ist, d. h. je kleiner die Präzessionsfrequenz um $\vec{L}$ (gegen die Umlaufsfrequenz der Elektronen um die $\vec{l_i}$), mit je besserer Näherung also die $\vec{l_i}$ zeitlich konstant sind, um so besser angenähert sind auch die $\vec{l_i}$ gequantelt. D. h. für $\vec{l_1}$ und $\vec{l_2}$ gelten bei _schwacher_ Kopplung die Gleichungen

$$|\vec{l_i}| = \sqrt{l_i\,(l_i+1)}\cdot\hbar\,, \tag{24.4}$$

$$l_{iz} = m_{li}\cdot\hbar\,, \quad m_{li} = l_i, l_i-1, \ldots, -l_i \tag{24.5}$$

angenähert mit ganzen Quantenzahlen l_i und m_{li}. Mit anderen Worten: die Quantenzahlen l_1 und l_2 sind nur unscharf definiert. Dagegen ist die Quantenzahl L des *gesamten* Bahndrehimpulses als ganze Zahl *scharf* definiert. Wie die Durchführung der Theorie ergibt und in Übereinstimmung mit der Erfahrung (Beispiele in den Abschnitten 26, 27) kann sie bei vorgegebenen $l_1 \geqq l_2$ die folgenden Werte annehmen [1]:

$$L = l_1+l_2, \; l_1+l_2-1, \ldots, l_1-l_2\,. \tag{24.6}$$

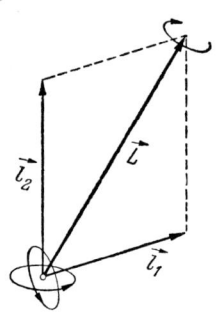

Abb. 25. Addition zweier Bahndrehimpuls-Vektoren

Das heißt die Drehimpulse $\vec{l_1}$ und $\vec{l_2}$ setzen sich nach dem Schema von Abb. 26 zusammen. Ganz entsprechend setzen sich die Bahndrehimpulse von N Elektronen zu

$$\vec{L} = \sum_{i=1}^{N} \vec{l_i} \tag{24.7}$$

zusammen, und hier gilt (24.2) mit

$$L = l_1+l_2+\ldots l_N, \; l_1+\ldots l_N-1, \ldots, l_1-l_2-l_3-\ldots-l_N\,, \tag{24.8}$$

---

[1] Nach dem oben Gesagten hat diese Behauptung nur dann einen Sinn, wenn man sich l_1 und l_2 bei völlig wechselwirkungslosen Elektronen (Gl. (23.7)!) bestimmt denkt, da nur dann $|\vec{l_i}|^2$, l_{iz} mit (24.4/5) Eigenwerte von $\vec{l_i}^2$, l_{iz} sind. Also: vor „Einschalten" der Kopplung existieren die l_i und L, nachher existiert streng nur L. Vgl. Abschn. 26.

wobei $l_1 \geqq l_2 \geqq l_3 \geqq \ldots \geqq l_N$ vorausgesetzt ist und aus dieser Reihe nur die Werte $L \geqq 0$ wirklich vorkommen.

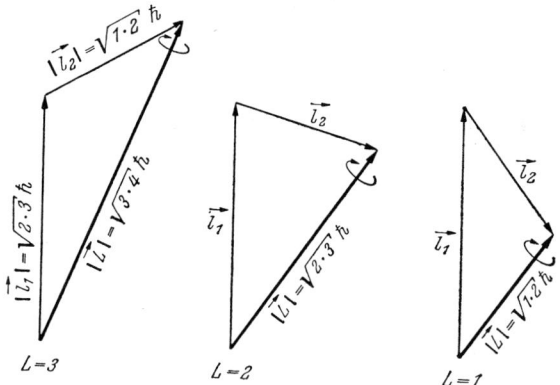

Abb. 26. Zusammensetzung zweier Bahndrehimpulse mit den Quantenzahlen $l_1=2$ und $l_2=1$

Ebenso setzen N Spins sich zum Gesamtspin

$$\vec{S} = \sum_{i=1}^{N} \vec{s_i} \tag{24.9}$$

zusammen, und es ist ($|\vec{S}|^2$, $S_z = $ Eigenwerte von $\vec{S^2}, S_z$)

$$|\vec{S}| = \sqrt{S(S+1)}\,\hbar \tag{24.10}$$

$$S_Z = M_S \cdot \hbar, \qquad M_S = S, S-1, \ldots, -S \tag{24.11}$$

mit der Spinquantenzahl

$$S = s_1 + \ldots + s_N, s_1 + \ldots + s_N - 1, \ldots$$
$$S \geqq 0. \tag{24.12}$$

Bei gerader Elektronenzahl N ist S ganzzahlig und der kleinste vorkommende Wert ist $S = 0$, bei ungerader Elektronenzahl ist S halbzahlig und der kleinste vorkommende Wert ist $S = 1/2$. Abb. 27 zeigt das Vektorenschema für $N = 2$. Zwei Spins können sich also wohl genau antiparallel, aber nie genau parallel zueinander einstellen, obwohl diese Ausdrucksweise oft gebraucht wird.

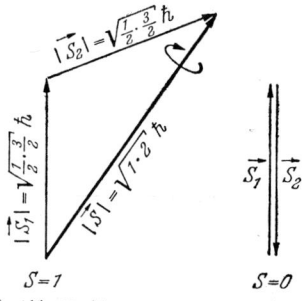

Abb. 27. Zusammensetzung zweier Spins

Bis jetzt haben wir nur die Addition der Bahnen und der Spins jeweils untereinander berücksichtigt und die Wechselwirkung zwischen Spins und Bahnen vernachlässigt. Setzen wir jetzt ausdrücklich voraus, daß diese Wechselwirkung sehr schwach gegenüber der elektrostatischen

Abstoßung der Elektronen ist, so werden sich in erster Näherung, wie oben gezeigt, $\vec{L}$ und $\vec{S}$ bilden und erst in zweiter Näherung wird sich die Spin-Bahn-Wechselwirkung als schwache Kopplung zwischen $\vec{L}$ und $\vec{S}$ bemerkbar machen. Das heißt die Vektoren $\vec{L}$ und $\vec{S}$ präzedieren um den Gesamtdrehimpuls

$$\vec{J} = \vec{L} + \vec{S}, \tag{24.13}$$

der allein zeitlich konstant bleibt und gequantelt ist. Demnach werden durch die Gleichungen (siehe (23.15/16))

$$|\vec{J}| = \sqrt{J(J+1)} \cdot \hbar \tag{24.14}$$

$$J_Z = M_J \cdot \hbar, \qquad M_J = J, J-1, \ldots, -J, \tag{24.15}$$

die *Gesamtdrehimpulsquantenzahl J und* die zugehörige *magnetische* Quantenzahl M_J scharf definiert, während nunmehr (24.2) und (24.10) nur noch angenähert mit ganzen Zahlen L und S gelten, d. h. L und S nur noch unscharf definiert sind. J kann die $2S+1$ Werte

$$J = L+S, L+S-1, L+S-2, \ldots, L-S, \text{ wenn } L \geqq S, \tag{24.16}$$

oder die $2L+1$ Werte

$$J = S+L, S+L-1, S+L-2, \ldots, S-L, \text{ wenn } S \geqq L, \tag{24.17}$$

annehmen. Der Mechanismus der Vektorzusammensetzung ist also derselbe wie bei der Bildung von $\vec{L}$ aus den $\vec{l}_i$ oder von $\vec{S}$ aus den $\vec{s}_i$.

Der hier beschriebene Kopplungstyp, bei dem die magnetische $(\vec{l}_i, \vec{s}_i)$-Kopplung schwach ist gegen die elektrische $(\vec{l}_i, \vec{l}_k)$-Kopplung, d. h. bei dem $\vec{L}$ und $\vec{S}$ mit einer Frequenz um $\vec{J}$ präzedieren, die klein ist gegen die Präzessionsfrequenzen der $\vec{l}_i$ um $\vec{L}$ bei praktisch entkoppeltem Spin, liegt bei den leichten Atomen des Periodischen Systems vor (*Russell-Saunders-* oder $(\vec{L}, \vec{S})$-*Kopplung*), Beispiele in den Abschnitten 27, 29.

Der entgegengesetzte Grenzfall, bei dem die Spin-Bahn-Wechselwirkung jedes einzelnen Elektrons stark ist gegenüber der Bahn-Bahn-Wechselwirkung, heißt *(j, j)-Kopplung.* Denn hier setzen sich in erster Näherung Spin und Bahndrehimpuls jedes Elektrons zu Drehimpulsen

$$\vec{j}_i = \vec{l}_i + \vec{s}_i \tag{24.18}$$

zusammen, und diese bauen dann den Gesamtdrehimpuls

$$\vec{J} = \sum_{i=1}^{N} \vec{j}_i \tag{24.19}$$

auf, um den sie präzedieren und für den durch (24.14) die Quantenzahlen J und M_J scharf definiert sind. L und S sind hier gar nicht definiert, an ihre Stelle treten die durch die angenähert gültigen Gleichungen

$$| \vec{j_i} | = \sqrt{j_i (j_i + 1)} \cdot \hbar , \qquad j_i = l_i \pm 1/2 \qquad (24.20)$$

$$j_{iz} = m_{ji} \cdot \hbar, \qquad m_{ji} = j_i, \; j_i - 1, \ldots, \; -j_i \qquad (24.21)$$

d. h. durch die Eigenwerte von $\vec{j_i}^2$ und $\vec{j_{iz}}$ unscharf definierten Quantenzahlen j_i und m_{ji}. Die $(\vec{j}, \vec{j})$-Kopplung ist bei schweren Atomen realisiert.

Für die zwischen diesen beiden Grenzfällen liegenden Atome, bei
denen alle Wechselwirkungen von gleicher Größenordnung sind (mittlere
Kopplung), lassen sich außer den natürlich auch hier scharf definierten
J und M_J keine anderen Quantenzahlen auch nur unscharf definieren.
Denn die Voraussetzung dafür ist bei den beiden behandelten Grenzfällen der Kopplung gerade die Tatsache, daß das Gesamtsystem sich in
Teilsysteme unterteilen läßt, die in sich fest, untereinander aber nur
locker gekoppelt sind (Abstufung der Wechselwirkungen).

Wie die Drehimpulse setzen sich natürlich auch die magnetischen
Momente der einzelnen Bahnen und Spins zu einem magnetischen Ge-
samtmoment, auf das im nächsten Abschnitt näher eingegangen wird,
zusammen. Deshalb übt ein äußeres Magnetfeld, das wir parallel zur
z-Achse legen, ein Drehmoment auf das Atom aus, demzufolge der
Drehimpuls $\vec{J}$ eine Präzession um das Feld ausführt. Man hat also den
in Abschnitt 21 behandelten Mechanismus der *Richtungsquantelung* mit
den $2J + 1$ möglichen Werten (24.15)

$$M_J = J, \; J - 1, \ldots, \; -J \qquad (24.22)$$

der *magnetischen Quantenzahl M_J*. Bei verschwindender Feldstärke sind
die nur durch M_J, d. h. nur durch die räumliche Orientierung des Atoms
unterschiedenen Zustände natürlich miteinander entartet, oder anders
formuliert, jeder durch J charakterisierte Term ist ohne äußeres Feld
$2J + 1$-fach entartet. Bei gerader Elektronenzahl sind J und M_J ganzzahlig, bei ungerader Elektronenzahl halbzahlig.

25. Das magnetische Moment eines Atoms

Im Fall der *Russell-Saunders*-Kopplung, die wir im folgenden allein
behandeln wollen, wird das gesamte magnetische Moment des Atoms
auf folgende Weise berechnet. Mit den Operatoren der Drehimpulse $\vec{L}$
und $\vec{S}$ sind nach (22.19) die Operatoren der ihnen entgegengerichteten
magnetischen Momente (siehe die Bemerkung zum Maßsystem, S. 163)

$$\vec{\mu}_L = - \frac{\mu_B}{\hbar} \vec{L} \qquad (25.1)$$

$$\vec{\mu}_S = - 2 \frac{\mu_B}{\hbar} \vec{S} \qquad (25.2)$$

verknüpft, deren Beträge analog zu (22.7) und (22.17) (unscharf)[1] gequantelt sind:

$$|\vec{\mu_L}| = \sqrt{L(L+1)} \cdot \mu_B \qquad (25.3)$$

$$|\vec{\mu_S}| = 2\sqrt{S(S+1)} \cdot \mu_B . \qquad (25.4)$$

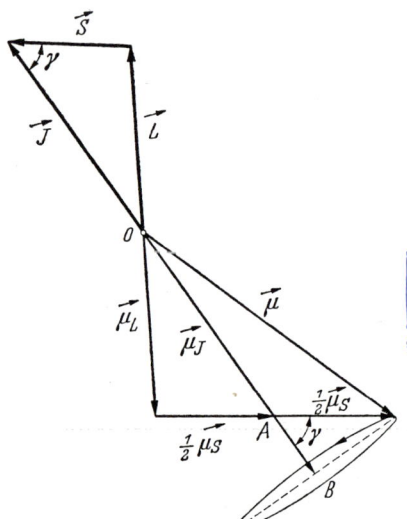

Sie setzen sich zum Gesamt-
moment

$$\vec{\mu} = -\frac{\mu_B}{\hbar}(\vec{L} + 2\vec{S}) \qquad (25.5)$$

zusammen (Abb. 28), das wir
hier durch ein anderes Moment
$\vec{\mu}_J$ ersetzen können. Denn mit
$\vec{L}$ und $\vec{S}$ präzediert auch $\vec{\mu}$
um $\vec{J}$, d. h. die zu $\vec{J}$ senkrechten
Komponenten von $\vec{\mu}$ heben sich
im Mittel über die Elektronenbewegung auf, und als von außen
meßbares Moment bleibt nur $\vec{\mu}_J$
übrig, das dem Drehimpuls $\vec{J}$
entgegen oder gleich gerichtet ist
und das sich durch die Addition
der Vektoren $\vec{OA}$ und $\vec{AB}$ ergibt. Diese Vektoren ergeben
sich ohne Schwierigkeiten aus
Abb. 28:

Abb. 28. Das magnetische Moment eines Atoms
bei Russell-Saunders-Kopplung. Drehimpulse in
der Einheit $\hbar$, magnetische Momente in der Einheit μ_B gezeichnet

$$\vec{\mu}(OA) = -\frac{\mu_B}{\hbar}\vec{J}$$

$$\vec{\mu}(AB) = -\frac{1}{2}|\vec{\mu_S}| \cos\gamma \cdot \frac{\vec{J}}{|\vec{J}|} = -\frac{\mu_B}{\hbar}\frac{\sqrt{S(S+1)}}{\sqrt{J(J+1)}} \cos\gamma \cdot \vec{J}.$$

d. h. $\qquad\qquad\qquad\qquad\qquad\qquad\qquad\qquad\qquad\qquad\qquad (25.6)$

$$\vec{\mu}_J = \vec{\mu}(OA) + \vec{\mu}(AB) = -\frac{\mu_B}{\hbar}\left(1 + \frac{\sqrt{S(S+1)}}{\sqrt{J(J+1)}} \cdot \cos\gamma\right)\vec{J} = -g_J \cdot \frac{\mu_B}{\hbar}\vec{J}$$

Dabei ergibt sich der $\cos\gamma$ nach dem Cosinussatz aus dem Drehimpuls-
dreieck:

$$\cos\gamma = \frac{J(J+1) - L(L+1) + S(S+1)}{2\sqrt{J(J+1)}\ \sqrt{S(S+1)}} , \qquad (25.7)$$

---

[1] Scharf sind $\vec{J}^2$ und $\vec{J}_z$ gequantelt. Nur dann kann $\vec{\mu}$ durch $\vec{\mu}_J$ ersetzt
werden.

und man erhält zu (25.6) noch

$$\vec{\mu_J}^2 = \left(g_J \frac{\mu_B}{\hbar} \right)^2 \vec{J}^2 \qquad (25.8)$$

$$\mu_{Jz} = -g_J \cdot \frac{\mu_B}{\hbar} J_z \qquad (25.9)$$

und nach (24.14) und (24.15) die Eigenwerte

$$\left| \vec{\mu_J} \right| = \left| g_J \right| \sqrt{J (J+1)}\, \mu_B \qquad (25.10)$$

$$\mu_{Jz} = -M_J\, g_J\, \mu_B \qquad (25.11)$$

mit

$$g_J = 1 + \frac{J\,(J+1)+S\,(S+1)-L\,(L+1)}{2\,J\,(J+1)}. \qquad (25.12)$$

Der Faktor g_J gibt an, wie das magnetische Moment aus Bahn- und Spin-momenten gemischt ist. Ist speziell kein Spin wirksam ($S=0$, $J=L$), so ist $g_J = 1$; ist umgekehrt keine Bahn wirksam ($L=0$, $J=S$), so ist $g_J = 2$, in Übereinstimmung mit (25.1/2). Bei positivem g_J steht das magnetische Moment antiparallel; bei negativem g_J parallel zu $\vec{J}$. Die Existenz dieses Faktors ist von LANDÉ (1923) rein empirisch aus dem Einfluß eines Magnetfeldes auf die Atomspektren (Zeeman-Effekt, Abschnitt 29) gefolgert worden. Er heißt deshalb Landéscher g-Faktor.

Aufgabe 23: Zeichne analog zu Bild 28 maßstabgerecht den Vektor $\vec{\mu_J}$ für $L = 4$, $S = 3$, $J = 1, 2, 3$ und berechne die zugehörigen g_J-Werte. Bei welchen Orientierungen von $\vec{L}$ und $\vec{S}$ wird g_J negativ, also $\vec{\mu_J}$ parallel $\vec{J}$?

26. Multiplettstruktur der Russell-Saunders-Terme. Termsymbole und Elektronen-Konfigurationen

Ein Atom mit vielen Elektronen hat eine sehr große Anzahl von möglichen Zuständen. Bei *Russell-Saunders*-Kopplung z. B. können sich die $\vec{l_i}$ auf verschiedene Arten zu verschiedenen $\vec{L}$, die $\vec{s_i}$ zu verschiedenen $\vec{S}$ zusammensetzen. Ist einer der L-Werte und einer der S-Werte vorgegeben, so sind mit ihnen die Zustände mit den in (24.16) oder (24.17) angegebenen J-Werten möglich. Da diese Zustände sich nur durch den Winkel zwischen den Vektoren $\vec{L}$ und $\vec{S}$, d. h. den Winkel zwischen μ_L und μ_S unterscheiden (Abb. 28), unterscheiden sich ihre Energien nur um die Arbeit, die nötig ist, um die beiden magnetischen Momente gegeneinander von einer Einstellung zur nächsten zu verdrehen. Zur Berechnung dieser Energiedifferenzen ist also die magnetische Wechselwirkungsenergie zweier magnetischer Momente zu bestimmen. Sie hängt sicher vom Betrag der beiden Momente ab sowie, wenn wir sie bei zueinander senkrechter Einstellung der beiden Momente gleich Null setzen, von der Komponente des einen Momentes in Rich-

tung des andern. D. h. sie ist proportional dem Skalarprodukt $(\vec{\mu}_L \cdot \vec{\mu}_S)$:
Nach (25.1) (25.2) wird also der *Hamilton*-Operator der magnetischen
Einstellenergie zwischen $\vec{L}$ und $\vec{S}$ zu [1]

$$H_J = 2C\left(\frac{\mu_B}{\hbar}\right)^2 (\vec{L}\cdot\vec{S}) \qquad (26.1)$$

d. h. wegen

$$\vec{J}^2 = (\vec{L}+\vec{S})^2 = \vec{L}^2+\vec{S}^2 + 2(\vec{L}\cdot\vec{S}) \qquad (26.2)$$

zu

$$H_J = C\left(\frac{\mu_B}{\hbar}\right)^2 (\vec{J}^2 - \vec{L}^2 - \vec{S}^2) \ . \qquad (26.3)$$

Seine Eigenwerte (= experimentell beobachtete Einstellenergien) sind
also durch die Drehimpulsquantenzahlen J, L, S gegeben:

$$W_J = C\,\mu_B^2[J\,(J+1)-L\,(L+1)-S\,(S+1)]. \qquad (26.4)$$

Da die Konstante C, über die wir hier theoretisch keine weiteren Aussagen machen können, als daß sie die Wechselwirkung zwischen $\vec{L}$ und
$\vec{S}$, d. h. letztlich die Spin-Bahn-Wechselwirkung mißt, bei *Russell-Saunders*-Kopplung ziemlich kleine Werte hat, liegen die nur durch den
J-Wert unterschiedenen Terme ziemlich dicht zusammen. Man faßt
sie deshalb zu einer übergeordneten Einheit, dem durch ein vorgegebenes Wertepaar von L und S definierten *Termmultiplett* zusammen
und nennt sie die Multiplett*komponenten*. Dabei ist unter dem Ausdruck „dicht zusammenliegen" zu verstehen, daß im allgemeinen die
inneren Abstände zwischen den Komponenten klein sind gegenüber dem
Abstand der Schwerpunkte zweier verschiedener Termmultipletts (Multiplettaufspaltung $\ll$ Multiplettabstände entspricht Spin-Bahn-Kopplung
$\ll$ Coulombsche Kopplung). Dem Übergang zwischen zwei engen Termmultipletts entspricht im Spektrum eine Gruppe von eng zusammenliegenden Linien, die man ebenfalls ein Multiplett oder schärfer ein
Linienmultiplett nennt. Man nennt dann die Multiplettstruktur auch die
Feinstruktur des Spektrums. Beim Übergang zu mittlerer Kopplung
wird die Multiplettaufspaltung so groß, daß die Linienmultipletts sich
überdecken und L, S und der Begriff des Multipletts ihre Bedeutung
verlieren.

Aus (26.4) ergeben sich noch folgende Gesetzmäßigkeiten. Ist die
Konstante $C > 0$, so liegt die Multiplettkomponente mit dem kleinsten
J-Wert am tiefsten (*reguläres* Multiplett), ist dagegen $C < 0$, so liegt
sie am höchsten (*verkehrtes* Multiplett). Der Abstand zwischen zwei
aufeinanderfolgenden Komponenten ist gegeben durch

$$\Delta W_J = W_J - W_{J-1} = 2\,C\,\mu_B^2\,J\,, \qquad (26.5)$$

---

[1] Spezialfall von (23.5) für *Russell-Saunders*-Kopplung: Einstellung von
$\vec{S}$ im Magnetfeld der Bahn.

d. h. die Abstände innerhalb eines Termmultipletts verhalten sich zueinander wie die größten der jeweils beteiligten Quantenzahlen (Landésche *Intervallregel* siehe Abb. 29). Das gibt eine Handhabe, aus Linienabständen spektroskopisch die J-Werte zu bestimmen [1]. Doch gilt die Regel nur bei *engen* Multipletts, was verständlich ist, da ihre Herleitung die Quantelung von $\vec{L}$ und $\vec{S}$ voraussetzt, die bei weiten Multipletts, d. h. mittlerer und starker Spin-Bahnwechselwirkung nicht mehr erlaubt ist.

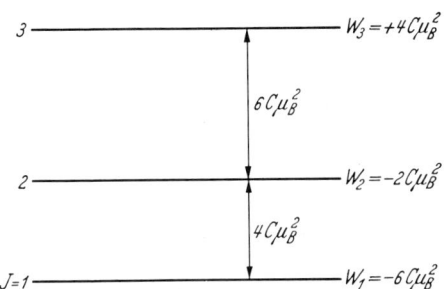

Abb. 29. Landésche Aufspaltung eines regulären Tripletts $L=2$, $S=1$, $J=1, 2, 3$. Die beiden Termabstände verhalten sich wie die oberen Quantenzahlen $3 : 2$

Es ist in der Spektroskopie üblich, die *Russell-Saunders*-Terme nach ihrer Zugehörigkeit zu Multipletts durch folgende *Symbole* zu kennzeichnen. Der Wert der Bahnquantenzahl $L = 0, 1, 2, \ldots$ wird in dieser Reihenfolge durch die großen Buchstaben [2] S [3], P, D, F, G, $\ldots$ und weiter nach dem Alphabet unter Weglassung von J, S, P bezeichnet. Der Wert von J wird als Index rechts unten angehängt. Links oben wird die *Multiplizität* hingeschrieben; das ist anschaulich zunächst die Zahl der zu dem Multiplett gehörigen Komponenten. Für $L > S$ ist sie nach (24.16) gleich $2S + 1$, für $S > L$ nach (24.17) gleich $2L + 1$. Doch ist es üblich, auch in diesem Fall als Multiplizität die (größere!) Zahl $2S + 1$ hinzuschreiben und zu sagen, die so definierte Multiplizität sei nicht voll entwickelt. Es bedeutet also z. B. das Symbol

$$^4F_{5/2} \text{ (sprich: Quartett} - F - 5/2) , \qquad (26.6)$$

daß $L = 3$, $S = 3/2$ und $J = 5/2$ ist, daß also der Term mit dem zweitkleinsten der nach (24.16) zu dem Quartett gehörigen J-Werte $J = 9/2$, $7/2$, $5/2$, $3/2$ gemeint ist. Wegen der Definition der Multiplizität als die Zahl $2S + 1$ gilt der *spektroskopische Wechselsatz:* Atome mit gerader Elektronenzahl haben ungerade Multiplizität und umgekehrt.

Mit den so gewonnenen Symbolen läßt sich leicht eine Übersichtstafel der bei einem Atom mit gegebener Elektronenzahl möglichen

---

[1] Siehe das Beispiel am Schluß des Abschnitts.
[2] Diese Bezeichnungsweise hat rein historische Gründe.
[3] Nicht zu verwechseln mit der Spinquantenzahl S.

Zwei verschiedene Einstellungen des Spins

Terme hinschreiben, was wir in Tab. 7 zunächst für ein Einelektronensystem durchführen.

Tabelle 7. *Übersicht über die möglichen Terme eines Einelektronensystems*

s	$2s+1$	l	j	Term	Komponentenzahl	Grad $2j+1$ der Richtungsentartung	Termsystem
$1/2$	2	0	$1/2$	$^2S_{1/2}$	1*	2	
		1	$3/2$	$^2P_{3/2}$	} 2	4	
			$1/2$	$^2P_{1/2}$		2	Dublett
		2	$5/2$	$^2D_{5/2}$	} 2	6	
			$3/2$	$^2D_{3/2}$		4	
		usw.					

* $l < s$, unvollständig entwickelte Multiplizität. S-Terme haben *immer* nur eine Komponente nach (24.17). Physikalischer Grund: Sie haben kein den Spin orientierendes magnetisches Bahnmoment.

Wir haben also ein Dublett-Termsystem. Beim Zweielektronensystem dagegen hat S einen der beiden Werte 0 oder 1, d. h. wir haben ein Singulett- und ein Triplett-Termsystem und in jedem die in Tabelle 8 hingeschriebenen möglichen Terme.

Tabelle 8. *Übersicht über die möglichen Terme eines Zweielektronensystems*

S	$2S+1$	L	J	Term	Komponentenzahl	Grad $2J+1$ der Richtungsentartung	Termsystem
0	1	0	0	$^1S_0$	1	1	
		1	1	$^1P_1$	1	3	
		2	2	$^1D_2$	1	5	Singulett
		3	3	$^1F_3$	1	7	
		usw.					
1	3	0	1	$^3S_1$	1*	3	
		1	2	$^3P_2$		5	
			1	$^3P_1$	} 3	3	
			0	$^3P_0$		1	Triplett
		2	3	$^3D_3$		7	
			2	$^3D_2$	} 3	5	
			1	$^3D_1$		3	
		usw.					

* $L < S$, unvollständig entwickelte Multiplizität.

Da dieselben Gesamtdrehimpulse $\vec{L}$ und $\vec{S}$ auf viele verschiedene Weisen aus Einzeldrehimpulsen $\vec{l}_i$ und $\vec{s}_i$ zusammengesetzt werden können, kann ein Atom durchaus viele in diesem Sinn verschiedene Terme mit demselben Termsymbol (denselben L, S, J) besitzen.

Deshalb pflegt man neben dem Termsymbol, das die Gesamtdrehimpulse der Elektronenhülle bezeichnet, auch die Zustände der einzelnen

Elektronen anzugeben [1]. Dazu bezeichnet man die Werte der Bahnquantenzahl l durch dieselben, folgerichtig jetzt allerdings klein geschriebenen, Buchstaben wie oben die Werte von L und schreibt den Wert der Hauptquantenzahl einfach davor. Sind mehrere Elektronen mit gleichem n und l vorhanden, so schreibt man ihre Anzahl als „Exponent" zu dem Symbol für l. Auf diese Weise läßt sich die *Elektronenkonfiguration* vollständig [2] hinschreiben. Man setzt sie vor das Termsymbol. Dann bedeutet z. B. das Symbol $1s^2\,3d\,^2D_{5/2}$, daß 3 Elektronen da sind, von denen zwei von der Hauptquantenzahl 1 ohne Bahndrehimpuls sind und ihre Spins absättigen, während das dritte mit der Hauptquantenzahl 3 allein den Gesamtspin und den gesamten Bahndrehimpuls liefert [3]. Offenbar ändert sich das Termsymbol gar nicht, wenn die Hauptquantenzahlen der Konfiguration geändert werden. Erfolgt diese Änderung nur bei *einem* Elektron, dem Leuchtelektron, so entfernt es sich mit wachsendem n immer mehr von dem durch die übrigen Elektronen abgeschirmten Kern, und seine Energieniveaus konvergieren wie beim H-Atom gegen die Ionisationsgrenze [4].

In der so beschriebenen *Näherung* wird also das Atom als Einelektronensystem behandelt. Die übrigen $Z-1$ Elektronen werden nur als Abschirmung der Kernladung berücksichtigt. Die Zustände des Atoms sind also in dieser Näherung einfach die des H-Atoms. Die Energien sind dann nach (11.2) und (20.25) die mit der effektiven Kernladungszahl $Z^* = Z-(Z-1)=1$ durch die „effektive" Hauptquantenzahl $n^* = n'+p$ des *Einelektronensystems* bestimmten *Balmer*-Energien

$$W_{n^*} = -h\,c\,\frac{\tilde R}{n^{*2}} = -h\,c\,\tilde\nu_{n^*}. \tag{26.7}$$

n' ist also nicht die wahre Hauptquantenzahl n im Mehrelektronenatom, sondern durchläuft die Werte $n' = 1, 2, \dots$. Mit (11.7), (13.4) gilt

$$n'+p = n^* = \sqrt{\frac{\tilde R}{\tilde\nu_{n^*}}} = \sqrt{\frac{R}{\nu_{n^*}}} \tag{26.8}$$

Diese Näherung ist z. B. für Cs in Abb. 35 am rechten Rand eingetragen, sie stimmt besonders gut, d. h. mit sehr kleinen p mit den beobachteten Energien derjenigen Zustände überein, in denen das Leucht-(=Valenz-) Elektron sich sicher weit außerhalb des von den übrigen Elektronen durchlaufenen *Elektronenrumpfes* befindet, also bei Kreisbahnen mit möglichst großem Radius, d. h. bei großem n und $l=n-1$ (z. B. 4 f!).

---

[1] Bestimmt nach „Abschalten" aller innerer Wechselwirkungen, siehe Seite 64.
[2] Da die Spinquantenzahl s für alle Elektronen denselben Wert $s=1/2$ hat, wird auf ihre Angabe verzichtet.
[3] Elektronen wie hier die beiden 1s-Elektronen, die zum Drehimpuls nicht beitragen, läßt man in der Elektronenkonfiguration häufig fort.
[4] Diese Grenze ist natürlich dieselbe für alle l-Werte des Elektrons, da für $n\to\infty$ die kinetische Energie verschwindet (siehe Abschnitt 15) und die potentielle Energie nach Definition Null ist.

Zu jedem Termsymbol mit Konfigurationsangabe gehört demnach eine *Serie* von unendlich vielen, durch die n-Werte des Leuchtelektrons unterschiedenen Termen, die man in einem Termschema übereinander anordnet. Wegen der Bedingung (20.26) für das Einelektronensystem, hier also

$$n' \geqq l + 1$$

beginnen die Serien erst bei um so größeren n', je größer l ist. Da in sehr vielen Fällen das aus dem Spektrum experimentell bestimmte Termschema (Beispiele im nächsten Abschnitt) den geschilderten Seriencharakter mit *einer* Ionisationsgrenze hat, muß man annehmen, daß hier jeweils nur *ein* Elektron angeregt wird.

Doch kommen auch, z. B. bei den Erdalkalien, Terme vor, die hoch über der Ionisationsgrenze des normalen Spektrums liegen (Entartung mit einem Term im Kontinuum). Diese *anomalen* oder *gestrichenen* Terme können also nur durch gleichzeitige Anregung von *zwei* Elektronen erklärt werden, wobei jede der beiden Anregungsenergien unter, ihre Summe aber über der Ionisationsarbeit eines Elektrons liegt [1].

An dieser Stelle unterbrechen wir für kurze Zeit die theoretische Behandlung unseres Modells, da wir genügend viele theoretische Aussagen haben, um die Brauchbarkeit des Modells am Experiment zu prüfen.

Aufgabe 24: Für ein Elektron mit der potentiellen Energie $P\,(r_i)$ in einem Zentralfeld ist $\zeta\,(r_i)$ in (23.5) gegeben durch $\zeta\,(r_i) = (m_e\,c)^{-2}\,r_i^{-1}\,\partial P/\partial r_i$. Berechne $P\,(r_i)$ und $\zeta\,(r_i)$ a) für ein Einelektronatom, b) näherungsweise für das weit vom Elektronenrumpf entfernte Leuchtelektron ($i=1$) eines Alkaliatoms ($r_1 \gg r_j$, $r_1 \approx r_{1j}$, $j=2,\ldots,Z$), c) näherungsweise für ein Elektron in großer Kernnähe ($r_1 \ll r_j$) bei kugelsymmetrischer Ladungsverteilung der übrigen Elektronen.

Aufgabe 25: Der Grundzustand des Be-Atoms ist $1s^2\,2s^2\,{}^1S_0$. Das normale Termschema entsteht durch Anregung eines der beiden $2s$-Elektronen mit einer ersten Seriengrenze. Das anomale Termschema hat als tiefsten Term $1s^2\,2p^2\,{}^3P$, aus dem die höheren Terme durch weitere Anregung eines der $2p$-Elektronen gegen eine zweite Seriengrenze hervorgehen. Vergleiche den Abstand der beiden Seriengrenzen mit den Abständen im Termschema des Be-Ions, dessen Grundzustand $1s^2\,2s\,{}^2S_{1/2}$ ist.

27. Vergleich mit dem Experiment

Wir behandeln zunächst die *Anregung* von Spektren, dann ihre *Analyse*, d. h. die Bestimmung der Terme und ihrer Quantenzahlen und schließlich die *Termschemata* der Atome.

---

[1] Nicht *alle* Terme mit mehr als einem angeregten Elektron liegen über der Ionisationsgrenze.

a) Anregung der Spektren

Die Grundtatsache der Atomphysik, die Existenz diskreter Energieniveaus, ist unabhängig von der Spektroskopie, wo sie sich im Ritzschen Kombinationsprinzip dokumentiert, auch durch Elektronenstoßversuche bewiesen worden (J. FRANCK und G. HERTZ 1913).

In einem mit Hg-Dampf gefüllten Glaskolben befinden sich drei Elektroden (Abb. 30), die den Stoßraum zwischen Glühkathode K und Anodennetz A und den Bremsraum zwischen Anode A und Bremsanode B begrenzen. Zwischen K und A liegt die variable Beschleunigungsspannung U, zwischen A und B die schwache Bremsspannung U_B, gegen welche die das Netz durchfließenden Elektronen anlaufen müssen.

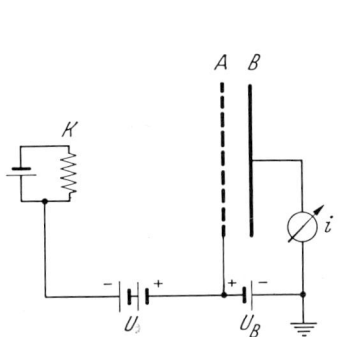

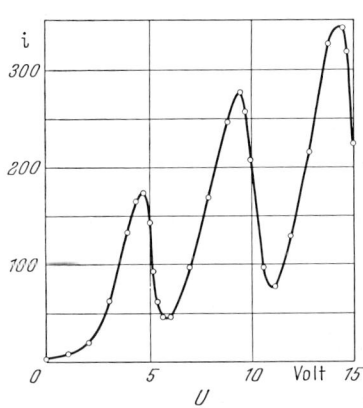

Abb. 30. Schema der Elektronenstoß-Anordnung von FRANCK und HERTZ

Abb. 31. Elektronenstrom als Funktion der Beschleunigungsspannung. Kontaktspannung eliminiert. Nach FRANCK und HERTZ

Gemessen wird der in B eintretende Elektronenstrom als Funktion der Beschleunigungsspannung U bei festgehaltenem U_B.

Sobald $U > U_B$ ist, steigt der Strom zunächst nach dem Raumladungsgesetz an, um oberhalb eines bestimmten Wertes von U plötzlich abzusinken. Die Ursache dafür ist das Auftreten von unelastischen Stößen, bei denen kinetische Energie in innere Energie, hier Anregungsenergie der Hg-Atome umgewandelt wird. Ist nämlich die Energie $W = eU$ der Elektronen dicht vor dem Netz gleich der niedrigsten Anregungsenergie des Atoms geworden, so geben einige der Elektronen bei Zusammenstößen mit den Atomen ihre kinetische Energie als Anregungsenergie an die Hg-Atome ab, können demnach die Gegenspannung U_B nicht mehr überwinden und fallen bei der Strommessung aus. Bei weiterer Steigerung von U wandert die *Stoßzone* durch den Stoßraum hindurch auf die Kathode zu, hinter ihr werden die Elektronen bis zum Netz erneut beschleunigt, der Strom steigt wieder an, um erneut abzusinken, wenn *eU* die doppelte Anregungsenergie überschreitet, d. h. die Elektronen dicht vor dem Netz zum zweiten Mal ihre Energie abgeben können. Abb. 31 zeigt die am Hg gemessene Kurve. Der Abstand der beiden Maxima ist 4,9 Volt, der Abstand des ersten Maximums vom Nullpunkt weicht um die unvermeidliche Kontaktspannung der Apparatur von diesem Wert ab.

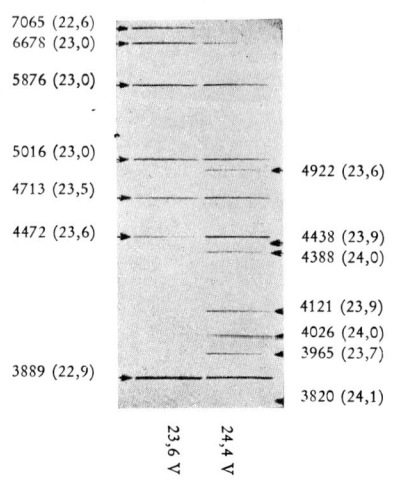

Abb. 32. Anregung des Quecksilberspektrums mit Elektronen der Energien von 23,6 und 24,4 eVolt. Nach HERTZ

Die durch Elektronenstoß angeregten Quecksilberatome müssen durch Emission von Licht in den Grundzustand zurückkehren können. Tatsächlich beobachtet man auch die Emission der dem Übergang zwischen den beiden tiefsten Termen entsprechenden *Resonanzlinie* $\lambda = 2537$ Å, zu der weitere Linien des Spektrums hinzutreten, wenn mit steigender Elektronenenergie auch höhere Terme angeregt werden (Abb. 32).

Da das Atom bei dem anregenden Stoß einen Rückstoß erleidet, wird neben der Anregungsenergie auch kinetische Energie auf das Atom übertragen. Die Energie des anregenden Elektrons muß also in Wirklichkeit größer sein als die Anregungsenergie. Mit anderen Worten: betrachtet man die Anregungs-

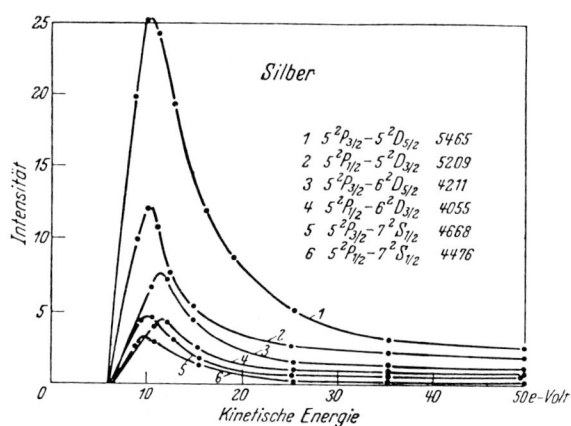

Abb. 33. Anregung des Silberdampfspektrums durch Elektronen. Anregungsfunktion für das Dublett 5 ²P, gemessen mittels der strahlenden Übergänge zu tieferen Termen

wahrscheinlichkeit als Funktion der Elektronenenergie (die sogenannte *Anregungsfunktion*), so ist sie Null für Elektronen, die genau die Anregungsenergie mitbringen, und steigt erst mit wachsender Elektronenenergie auf endliche Werte an. Sie hängt aber andererseits von der Aufenthaltsdauer des Elektrons in der Nähe des Atoms ab, nimmt also mit wachsender Elektronengeschwindigkeit ab. Anregungsfunktionen haben also einen typischen, durch ein Maximum gekennzeichneten Verlauf, s. Abb. 33.

Außer durch Elektronenstoß kann ein Atom auch durch Stoß mit Ionen angeregt werden. Beides wird in Gasentladungslampen (*Geißler*-Röhren, Lichtbogen, Funken) ausgenutzt. Doch sind bei genügender Energie auch die Temperaturstöße neutraler Atome wirksam (Temperaturleuchten von Flammen und Festkörpern). Hinzu kommt die Anregung von Atomen durch die Absorption von Licht, wobei die absorbierte Lichtenergie im allgemeinen in Wärmeenergie umgesetzt, seltener als Licht wieder ausgestrahlt wird (Fluoreszenz, Phosphoreszenz).

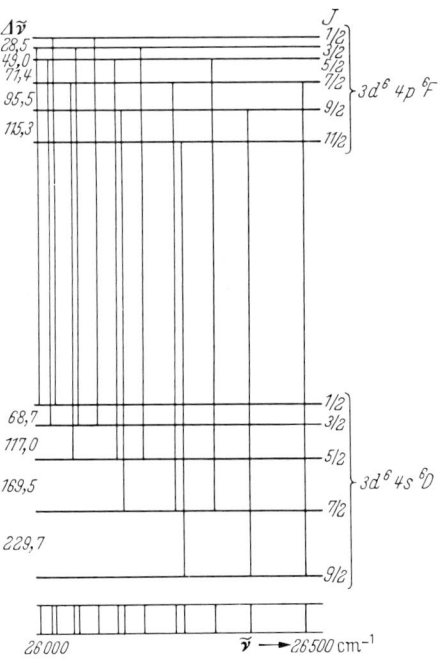

b) Analyse eines Spektrums

Nachdem bisher die Quantenzahlen immer als bekannt vorausgesetzt wurden, sei nun gezeigt, wie man sie spektroskopisch bestimmt. Zunächst werden nach (9.3) die gemessenen Wellenlängen λ auf Wellenzahlen $\bar{\nu}$ umgerechnet. Dies wird durch Tabellenwerke (z. B. von Kaýser) erleichtert, in dem zu jedem λ der $\bar{\nu}$-Wert nachgeschlagen werden kann. Dann versucht man verschiedene Linienpaare mit gleichem Abstand $\Delta\bar{\nu}$ zu finden. Jedes derartige Linienpaar geht von demselben Termpaar zu

Abb. 34. Linienmultiplett $3d^6 4p$ ^6F–$3d^6 4s$ ^6D des Mangan-Atoms

einem dritten Term über. Auf diese Weise kann man allein mittels der Wellenzahlendifferenzen die Linien als Übergänge eines Termschemas deuten, wie das Beispiel Abb. 34 und die zugehörige Tabelle 9 zeigen.

Tabelle 9.

Wellenzahlen des Mn-Multipletts $^6F \to {}^6D$ in cm^{-1}. Zwischen die Zeilen und Spalten sind die Differenzen der Wellenzahlen geschrieben. Sie sind in jeder Zeile bzw. Spalte konstant und sind gleich den Abständen der Komponenten im oberen bzw. unteren Termmultiplett

J	$^9/_2$	$^7/_2$	$^5/_2$	$^3/_2$	$^1/_2$
$^{11}/_2$	26260,9				
	(115,3)				
$^9/_2$	26376,2 (229,6)	26146,6			
	(95,6)	(95,5)			
$^7/_2$	26471,8 (229,7)	26242,1 (169,5)	26072,6		
		(71,4)	(71,3)		
$^5/_2$		26313,5 (169,6)	26143,9 (116,9)	26027,0	
			(49,0)	(48,9)	
$^3/_2$			26192,9 (117,0)	26075,9 (68,6)	26007,3
				(28,6)	(28,5)
$^1/_2$				26104,5 (68,7)	26035,8

Dabei besteht zunächst die Unsicherheit, welches der beiden Termmultipletts das obere und welches das untere ist, denn wenn das Termschema in Abb. 34 auf den Kopf gestellt wird, ergeben sich dieselben Linien. Doch läßt sich diese Schwierigkeit durch die Kenntnis der Übergänge von beiden Multipletts zum Grundterm-Multiplett beheben, wobei man die Tatsache benutzt, daß die in *Absorption* beobachteten Linien bei nicht zu hoher Temperatur vom Grundterm ausgehen [1]. Ferner weiß man von den J-Werten zunächst nur, daß sie sich innerhalb eines Multipletts von Komponente zu Komponente um 1 ändern. Ihre wirkliche Größe liefert die Intervallregel. Denn die Termdifferenzen der Zeilen in der Tabelle 9 lassen sich ziemlich genau durch die Verhältnisse

$$28,5 : 49,0 : 71,3 : 95,5 : 115,3 \approx 3 : 5 : 7 : 9 : 11,$$

die Termdifferenzen der Spalten ziemlich genau durch die Verhältnisse

$$68,8 : 117,0 : 169,5 : 229,6 \approx 3 : 5 : 7 : 9$$

darstellen. Da die Elektronenzahl des Mangans ungerade ist, muß J halbzahlig und die Multiplizität $2S+1$ gerade sein. Das heißt erstens, daß die Zahlen rechts noch durch 2 zu dividieren und dann nach (26.5) gleich den J-Werten sind, und zweitens, daß im unteren Multiplett mit nur 5 Komponenten die Multiplizität nicht voll entwickelt, d. h. $L < S = {}^5/_2$ ist. Die maximalen Werte von J sind $^{11}/_2$ oben und $^9/_2$ unten, d. h. wegen $J_{max} = L + S = L + {}^5/_2$ ist $L = 3$ oben und $L = 2$ unten. Somit ergeben sich die Multipletts oben $^6F_{1/2}, \ldots {}_{11/2}$ und unten $^6D_{1/2}, \ldots {}_{9/2}$. Beide Multipletts sind, da die kleinsten J-Werte oben liegen, verkehrt, d. h. es ist $C < 0$ in Gl. (26.4).

---

[1] Vgl. den späteren Abschnitt 34 über Absorption und erzwungene Emission.

Es ist einleuchtend, daß das Verfahren bei Spektren mit Tausenden von Linien außerordentlich mühsam ist, vor allem bei mittlerer Kopplung mit großer Multiplettaufspaltung, wenn alle Multipletts sich überlappen und die Intervallregel nur noch sehr roh erfüllt ist. Hier müssen weitere experimentelle Daten herangezogen werden, vor allem der *Zeeman*-Effekt (Abschnitt 29). Auf die Tatsache, daß nicht alle Übergänge wirklich vorkommen, wird später eingegangen (Abschnitt 33, Auswahlregeln).

c) Termschemata

Um das experimentell bestimmte Termschema eines *Ein*elektronensystems mit der Tabelle 7 zu vergleichen, ist es vernünftig, nicht auf das Spektrum des H-Atoms, sondern auf die wasserstoffähnlichen Spektren

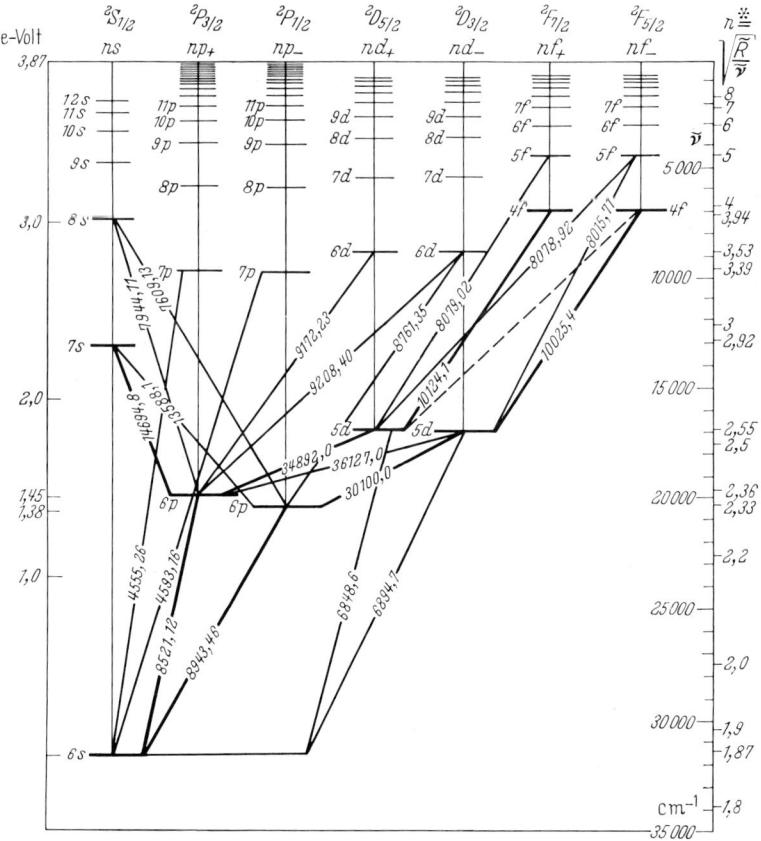

Abb. 35. Termschema des Cs-Atoms bis zu den *F*-Termen einschließlich. Bei den Übergängen ist die Wellenlänge in Å angegeben. Die Strichdicke gibt die Intensität der Spektrallinien an

der Alkalien zurückzugreifen. Denn beim H-Atom ist die Dublettaufspaltung außerordentlich klein, von der Größenordnung der in Abschn. 14
behandelten relativistischen Bahnaufspaltung und überlagert sich dieser.
Bei Verwendung gewöhnlicher Spektralapparate bleibt also das Termschema das in Abb. 15 gezeigte, wobei in dieser Näherung jeder Term

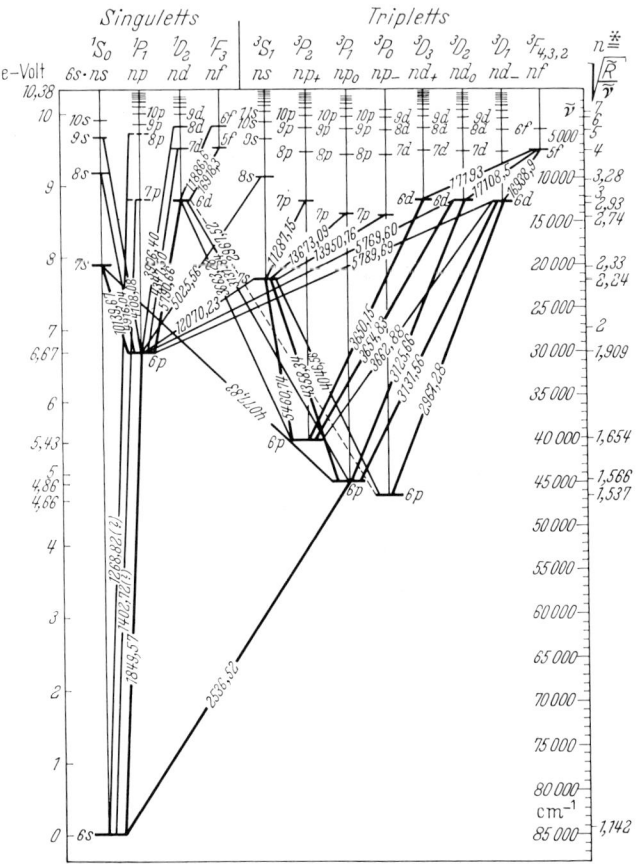

Abb. 36. Termschema des Quecksilberatoms ohne gestrichene Terme. Erläuterungen siehe Abb. 35

bei Berücksichtigen der zwei Möglichkeiten der Spineinstellung jetzt
$2n^2$-fach entartet ist, während sich bei Verwendung von Interferenz-
spektroskopen höchsten Auflösungsvermögens und in der Mikrowellen-
spektroskopie (*Lamb*-shift) sehr verwickelte Strukturen ergeben. Bei den
Alkalien dagegen ist die Bahnentartung durch den Elektronenrumpf
weit aufgespalten und auch die Dublettstruktur ist deutlich sicht-

bar[1]. Die Dublettaufspaltung beträgt z. B. bei dem *Resonanz*dublett
$^2P_{3/2,\,1/2} \to {}^2S_{1/2}$ [2], d. h. dem beim Übergang zwischen den beiden tiefsten Termdubletts entstehenden Dublett bei Li 0,32, bei Na 17,18 [3],
bei K 57,7, bei Rb 237,6 und bei Cs 554,0 cm^{-1}. Die Aufspaltung,
d. h. der Betrag der Konstanten C in Gl. (26.4) nimmt also innerhalb der Gruppe der Alkalimetalle mit der Kernladungszahl zu. Diese
Regel gilt auch für die Multiplettstruktur anderer, sich nur durch Z
unterscheidender chemisch ähnlicher Atome. Abb. 35 zeigt das Termschema des Cs bis zu den tiefsten F-Termen einschließlich. Die Serien

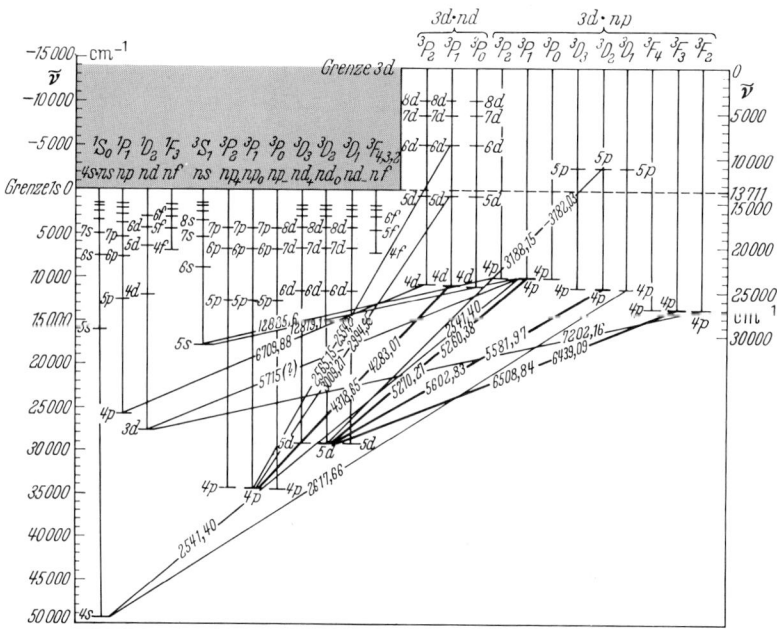

Abb. 37. Termschema des Ca-Atoms, einschließlich gestrichener Terme

mit den kleinsten L-$(=l)$Werten liegen am tiefsten, d. h. der Grundzustand ist ein $^2S_{1/2}$-Zustand. Die Ionisierungsarbeit ist 3,87 eVolt. Am
rechten Bildrand ist die durch die Näherung als Einelektronenatom,
d. h. durch die Gl. (26.8) definierte „effektive Hauptquantenzahl" n^*
aufgetragen, die im allgemeinen kleiner als die wahre Hauptquantenzahl n ist (Näheres siehe Abschnitt 40). Man sieht deutlich, daß die
Serien jeweils erst mit $n > n' \geq l+1$ anfangen. Abb. 36 zeigt das Termschema (bis zu den F-Termen) des Quecksilbers als Beispiel für ein Atom

---

[1] Abgesehen vom Li-Spektrum.
[2] Unvollständige Multiplizität, der Grundzustand hat nur eine Komponente.
[3] Die bekannten D-Linien bei $\lambda_1 = 5890$ Å, $\lambda_2 = 5896$ Å.

mit zwei Leuchtelektronen. Man sieht die Aufspaltung des Termschemas in ein Singulett- und ein Triplettsystem und die Konvergenz der normalen Terme gegen die Ionisationsgrenze für ein Elektron mit der Ionisationsarbeit $I = 10,38$ eVolt. (Die anomalen Terme sind nicht gezeichnet.) Die im *Franck-Hertz*-Versuch gemessene Anregungsenergie von ungefähr 4,9 eVolt entspricht dem Übergang $^1S_0 \to {}^3P_1$. Abb. 37 zeigt das Termschema des Ca mit Einschluß der anomalen Terme. In beiden Termschemata kommen genau die in den Tabellen 7 und 8 theoretisch bestimmten Terme vor. Das Modell erweist sich also als brauchbar. Wir fahren deshalb in seiner theoretischen Diskussion fort.

28. Die Hyperfeinstruktur

Außer der *Feinstruktur* der Linien, d. h. der durch die Zusammensetzung von $\vec{L}$ und $\vec{S}$ zu $\vec{J}$ definierten Multiplettstruktur, beobachtet man mit Apparaten von hohem Auflösungsvermögen eine *Hyperfeinstruktur*, d. h. die meisten „Linien" sind in Wirklichkeit Gruppen sehr eng beieinander liegender Linien mit Abständen der Größenordnung 0,1 cm^{-1} auf der Wellenzahlskala, d. h. im Sichtbaren ungefähr 0,02 Å auf der Wellenlängenskala.

Diese Erscheinung hat mehrere Ursachen. Die wichtigste ist die Tatsache, daß ebenso wie das Elektron auch der Atomkern einen eigenen Drehimpuls *(Kernspin)* $\vec{I}$ und ein magnetisches Moment μ_I hat. Der Drehimpuls $\vec{I}$ eines freien Kerns ist gequantelt gemäß

$$|\vec{I}| = \sqrt{I(I+1)} \cdot \hbar , \tag{28.1}$$

$$I_z = M_I \cdot \hbar , \quad M_I = I, I-1, \ldots, -I \tag{28.2}$$

wobei die *Kerndrehimpulsquantenzahl* oder einfacher *Kernquantenzahl* I einen ganzzahligen oder halbzahligen Wert hat. Wegen der Kopplung zwischen dem magnetischen Kernmoment und dem Moment μ_J der Elektronenhülle stellt sich $\vec{I}$ zu $\vec{J}$ ein unter Bildung des Gesamtdrehimpulses

$$\vec{F} = \vec{I} + \vec{J} , \tag{28.3}$$

um den beide Vektoren präzedieren. Dabei ist $\vec{F}$ scharf gequantelt durch

$$|\vec{F}| = \sqrt{F(F+1)} \cdot \hbar \tag{28.4}$$

$$F_z = M_F \cdot \hbar , \quad M_F = F, F-1, \ldots, -F \tag{28.5}$$

mit

$$\begin{cases} F = I+J, I+J-1, \ldots, I-J & \text{wenn } I \geqq J \\ F = J+I, J+I-1, \ldots, J-I & \text{wenn } J \geqq I, \end{cases} \tag{28.6}$$

während die Quantenzahlen I und J nach Maßgabe der Wechselwirkung zwischen $\vec{I}$ und $\vec{J}$ nur unscharf definiert sind. Doch ist, wie die im Vergleich zur Multiplettaufspaltung geringe Größe der Hyperfeinstrukturaufspaltung zeigt, die $(\vec{I}, \vec{J})$-Wechselwirkung so klein, daß fast immer auch I und J als scharf definierte Quantenzahlen zu betrachten sind. Aus demselben Grunde ist auch anzunehmen, daß das magnetische Kernmoment klein ist gegenüber $\vec{\mu}_J$, $\vec{\mu}_L$ und $\vec{\mu}_S$, so daß man statt des Bohrschen Magnetons μ_B eine wesentlich kleinere Einheit, das *Kernmagneton*

$$\mu_K = \frac{m_{eo}}{m_{po}} \, \mu_B = \frac{\text{Elektronenmasse}}{\text{Protonenmasse}} \cdot \text{Bohrsches Magneton}, \qquad (28.7)$$

$$\mu_K = \frac{\mu_0 \, e \, \hbar}{2 \, m_{po}} \qquad (28.8)$$

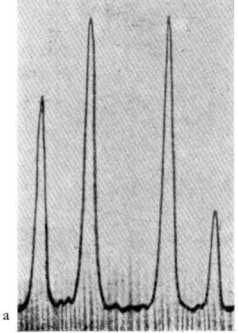
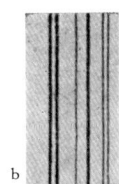

Abb. 38. Magnetische Hyperfeinstruktur a) der Linie $\lambda = 4122$ Å des Bi (Photometerkurve), b) der Linie $\lambda = 5270$ Å des Bi⁺

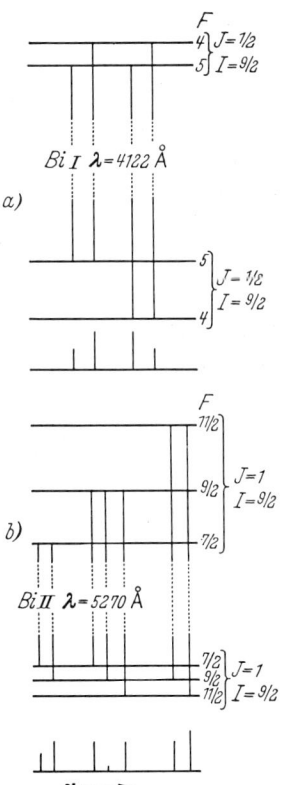

Abb. 39. Zu Abb. 38 gehörende Termschemata. Auswahlregeln Ziff. 33 d

benutzt. Doch ist wegen des komplizierten Aufbaus des Kerns aus vielen Elementarteilchen das Kernmoment ein gebrochenes Vielfaches von μ_K (zwischen 0 und 4 μ_K), dessen Erklärung eine Aufgabe der Kernphysik ist. Die geschilderte sogenannte *magnetische* Hyperfeinstruktur ist modellmäßig ein getreues Abbild der Multiplettstruktur. Alle für diese gültigen Gesetze, z. B. die Intervallregel (26.4) und (26.5) gelten auch für jene, wenn die Quantenzahlen I, J, F an die Stelle von S, L, J gesetzt und die Konstanten sinngemäß geändert werden (Abb. 38). — Besitzt der Kern keine kugelförmige Ladungsverteilung (Gestalt), sondern ein elektrisches *Quadrupolmoment,* so treten Abweichungen von der Intervallregel auf.

Neben der magnetischen Hyperfeinstruktur gibt es eine weitere, die ihre Ursachen in der Zusammensetzung der chemischen Elemente aus einzelnen Isotopen hat. Bei *leichten* Atomen, etwa bis zum Neon hinauf, kann die Massendifferenz benachbarter Isotope sich spektroskopisch meßbar noch durch die Kernmitbewegung bemerkbar machen, die in Abschnitt 13 eingehend behandelt wurde. Abb. 40a zeigt als Beispiel die entsprechenden Linien des leichten (H) und schweren (D) Wasserstoffisotops (ν_{24}, historisch mit β bezeichnet). Bei schwereren Atomen dagegen ist die beobachtete Hyperfeinstruktur zu weit aufgespalten, um

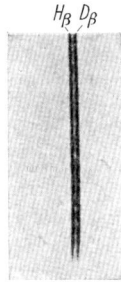

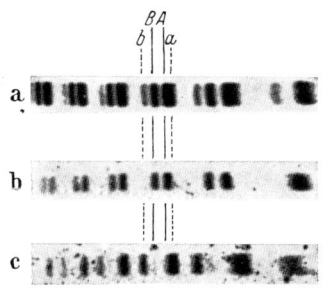

Abb. 40a. Balmer-Linie des leichten (H) und schweren (D) Wasserstoffs, H : D = 1 : 1, Prismenspektrograph

Abb. 40b. Hyperfeinstrukturaufnahmen der Rb-Linie λ = 7800 Å mit Pérot-Fabry-Etalon. Unten künstlich getrenntes Rb^{87}, Mitte: Rb^{85}, oben: natürliches Gemisch

durch den hier kaum noch meßbaren Mitbewegungseffekt erklärt zu werden. Hier müssen die schon bei der Streuung sehr schneller α-Teilchen in Abschnitt 8 behandelten, nahe der Kernoberfläche vorhandenen Abweichungen vom Coulombschen Kraftgesetz verantwortlich gemacht werden, durch die die Energie von sehr nahe an den Kern herankommenden Elektronen beeinflußt wird. Da nach der Wellenmechanik die Aufenthaltswahrscheinlichkeit der Elektronen in der Nähe des Kerns merklich von Null verschieden, andererseits der Kernradius von Isotop zu Isotop ein anderer ist, lassen sich die deutlich meßbaren Verschiebungen der den einzelnen Isotopen eines Elements zukommenden Spektren gegeneinander auch quantitativ auf diese Weise verstehen. Abb. 40b zeigt ein Beispiel für diese sogenannte *Isotopie*hyperfeinstruktur.

G. Atome in äußeren Feldern

Wir behandeln Atome in homogenen und inhomogenen magnetischen und elektrischen Feldern.

29. Atome im homogenen Magnetfeld

Es soll jetzt untersucht werden, wie sich die Energie eines Atoms ändert, wenn das zur physikalischen Auszeichnung der z-Achse eingeführte und bisher als verschwindend schwach vorausgesetzte magnetische Feld auf endliche Werte der Feldstärke anwächst. Da jeder Drehimpuls mit einem magnetischen Moment verknüpft ist, hängt die dabei auftretende Energieänderung des Atoms von der Orientierung der Drehimpulse zur Feldrichtung ab. Folgende energetischen Grenzfälle sind zu unterscheiden:

1. Die magnetische Wechselwirkung sowohl der Spins $\vec{s}_i$ wie der Bahndrehimpulse $\vec{l}_i$ mit dem Magnetfeld ist klein gegenüber den inneren Wechselwirkungen, also Spin-Bahn-Kopplung und *Coulomb*-Abstoßung. Dann bleibt beim Einschalten des Magnetfeldes (bei jedem Kopplungstyp) die Zusammensetzung der $\vec{l}_i$ und $\vec{s}_i$ zu $\vec{J}$ erhalten, nur präzediert $\vec{J}$ infolge des vom Feld auf das magnetische Moment $\vec{\mu}_J$ ausgeübten Drehmomentes um die Feldrichtung und definiert dabei die magnetische Quantenzahl M_J gemäß (24.15) (Richtungsquantelung).

2. Die Wechselwirkung der $\vec{s}_i$ und $\vec{l}_i$ mit dem äußeren Feld sei stark gegen die Spin-Bahnkopplung, aber immer noch schwach gegen die Coulombsche Abstoßung. Dann haben wir *Russell-Saunders*-Kopplung; $\vec{L}$ und $\vec{S}$ sind definiert, aber sie präzedieren nicht um $\vec{J}$ infolge der Spin-Bahnkopplung, sondern werden durch das äußere Feld entkoppelt und präzedieren getrennt um die Feldrichtung.

Für beide Fälle berechnen wir die magnetische Zusatzenergie des Atoms im Feld, das wir in die z-Richtung legen.

Fall 1: *Zeeman*-Effekt. Hier führt die Präzession des Vektors $\vec{J}$ auch zu einer Präzession des in Abschnitt 25 und Abb. 28 definierten, von ihm starr mitgeführten magnetischen Momentes $\vec{\mu}_J$ um die Feldrichtung (Abb. 41). Normieren wir die magnetische Zusatzenergie des Atoms im Feld so, daß sie bei Querstellung des Momentes zur Feldrichtung verschwindet, so ist sie nach (25.11) gegeben durch (siehe auch die 2. Umschlagseite)

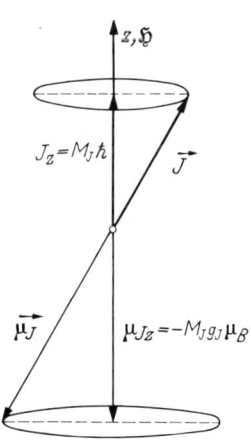

Abb. 41. Präzession von $\vec{J}$ um die Feldrichtung: Zeeman-Effekt.

$$W_{MJ} = -\mu_{J_z} \cdot H = M_J \, g_J \, \mu_B \, H \, , \quad (29.1)$$
$$M_J = J, J-1, \ldots, -J$$

hängt also von der magnetischen Quantenzahl M_J und dem g-Faktor g_J ab. Das heißt aber, die $2J+1$-fache Richtungsentartung (s. Abschnitt 24) wird aufgehoben, der Term spaltet in $2J+1$ durch den Wert von M_J unterschiedene sogenannte *Zeeman*-Komponenten auf. Der Abstand zweier aufeinanderfolgender Komponenten ist

$$\Delta W_{MJ} = W_{MJ} - W_{MJ-1} = g_J \, \mu_B \, H \,, \qquad (29.2)$$

d. h. er ist von M_J unabhängig. Die Zeeman-Komponenten liegen äquidistant; die Schrittweite wird durch den g-Faktor bestimmt. Die Aufspaltung der Terme führt natürlich auch zu einer Aufspaltung der Spektrallinien im Magnetfeld, die von P. ZEEMAN 1896 entdeckt wurde. Daher heißt der Effekt Zeeman-Effekt. Obwohl streng genommen bei endlicher Feldstärke der Vektor $\vec{J}$ nicht mehr zeitlich konstant und also nicht mehr gequantet ist (die scharf definierte Quantenzahl ist M_J), ist im allgemeinen jedoch selbst bei sehr hohen magnetischen Feldstärken die Zeeman-Aufspaltung (29.2) noch klein gegen die Multiplettaufspaltung (26.5). Da letztere ein Maß für die Wechselwirkungen zwischen $\vec{L}$ und $\vec{S}$, erstere ein Maß für die Wechselwirkung des Atoms mit dem Magnetfeld ist, ist das ein experimentelles Kriterium dafür, daß Fall 1 vorliegt, d. h. die Quantenzahl J noch annähernd definiert ist. Da sowohl die Zahl $2J+1$ der Zeeman-Komponenten wie die Größe der feldproportionalen Aufspaltung (29.2) von den Quantenzahlen abhängen [1], ist die Ausmessung des Zeeman-Effektes eines der wirksamsten Hilfsmittel zur Termanalyse.

An dieser Stelle sei noch einmal auf die Bedeutung der Symmetrie hingewiesen. Durch das Magnetfeld wird die Kugelsymmetrie des isotropen Raumes, in dem jede beliebige Richtung Rotationsachse ist, auf die Rotationssymmetrie allein um die Feldrichtung (z-Achse) reduziert. In einem derartigen Raum müssen die Elektronenwolken, d. h. die Elektronendichten $\psi \, \psi^*$ ebenfalls rotationssymmetrisch um z sein. Das ist für die $2J+1$ einfachen, durch M_J gekennzeichneten Zeeman-Komponenten der Fall. Wird durch Abschalten des Magnetfeldes die Kugelsymmetrie wieder hergestellt, so fallen die $2J+1$ Komponenten in einen $(2J+1)$-fach richtungsentarteten, durch die Quantenzahl J beschriebenen Term zusammen, dessen Elektronenverteilung, wie es sein muß, kugelsymmetrisch ist. — Im Sinne dieser Symmetriebetrachtung ist M_J durch eine Rotationsachse (also mit und ohne Magnetfeld), J erst durch die volle Kugelsymmetrie definiert (analog für M_L, M_S gegenüber L, S). Man vergleiche den ausführlich behandelten Fall des Einelektronenatoms ohne Spin in Abschnitt 20 und Abb. 21.

Fall 2: Paschen-Back-Effekt bei Russell-Saunders-Kopplung. Wird die Aufspaltung im Magnetfeld groß gegen die Multiplettaufspaltung, so ist die Quantenzahl J auch nicht mehr angenähert definiert. $\vec{L}$ und $\vec{S}$ präzedieren unabhängig [2] voneinander um die Feldrichtung (Abb. 42), wodurch zwei magnetische Quantenzahlen definiert werden:

---

[1] Bei Russell-Saunders-Kopplung gilt (25.12).

[2] D. h. im allgemeinen mit verschiedener Präzessionsfrequenz und willkürlicher Phase, so daß $\vec{J}$ sich zeitlich stark ändert, also nicht gequantet werden kann.

$$L_z = M_L \, \hbar \, , \quad M_L = \pm L, \; \pm (L-1), \ldots, \pm 1,0 \qquad (29.3)$$

$$(29.4)$$

$$S_z = M_S \, \hbar \, , \quad M_S = \begin{cases} \pm S, \; \pm (S-1), \ldots, \pm 1,0 & \text{wenn } N \text{ gerade} \\ \pm S, \; \pm (S-1), \ldots, \pm 1/2 & \text{wenn } N \text{ ungerade} \end{cases}$$

$$(N = \text{Elektronenzahl}).$$

Es gibt also $2L+1$ mögliche Werte für M_L und $2S+1$ mögliche Werte für M_S. Den z-Komponenten der Drehimpulse entsprechen als Spezialfälle von (25.11) mit $g_L = 1$ für den Fall der Bahn und $g_S = 2$ für den Fall des Spins die z-Komponenten der magnetischen Momente

$$\mu_{L_z} = - M_L \cdot \mu_B \qquad (29.5)$$

$$\mu_{S_z} = - 2 M_S \cdot \mu_B \, . \qquad (29.6)$$

In zweiter Näherung kann man dann die z-Komponenten von Bahndrehimpuls und Spin zu der des Gesamtdrehimpulses zusammenfassen. Es existiert also zwar nicht die Quantenzahl J, wohl aber die magnetische Quantenzahl M_J gemäß

$$J_z = L_z + S_z = (M_L + M_S) \, \hbar = M_J \, \hbar \, , \qquad (29.7)$$

doch ist diese nachträgliche Definition von M_J physikalisch ziemlich bedeutungslos, da M_J keine neue unabhängige Quantenzahl, sondern im Grunde nur eine abgekürzte Schreibweise für die Summe $M_L + M_S$ darstellt. Entsprechend gilt

$$\mu_z = \mu_{Lz} + \mu_{Sz} = - (M_L + 2 M_S) \, \mu_B \, . \qquad (29.8)$$

Die magnetische Zusatzenergie des Atoms ist also gegeben durch

$$W_{M_L, \, M_S} = (M_L + 2 M_S) \, \mu_B \, H \, . \qquad (29.9)$$

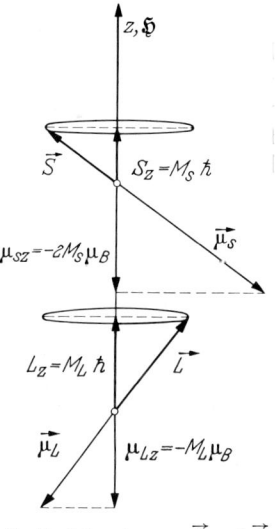

Abb. 42. Präzession von $\vec{L}$ und $\vec{S}$ um die Feldrichtung: Paschen-Back-Effekt.

Der Term spaltet im Magnetfeld in Komponenten auf, die durch die Werte von M_L und M_S unterschieden sind und deren Abstand sich aus (29.9) zu

$$\varDelta W_{M_L, \, M_S} = (\varDelta M_L + 2 \varDelta M_S) \, \mu_B \, H \qquad (29.10)$$

ergibt. Das heißt die Komponenten mit gleichem M_S ($\varDelta M_S = 0$, $\varDelta M_L = 1$) liegen untereinander äquidistant mit der Schrittweite $\mu_B H$ und die Komponenten mit gleichem M_L ($\varDelta M_L = 0$, $\varDelta M_S = 1$) liegen unter sich äquidistant mit der doppelt so großen Schrittweite $2 \mu_B H$.

Da nicht mehr J, sondern nur noch L und S definiert sind, ist die Frage, in wieviel Komponenten eine durch ihren J-Wert charakterisierte Multiplettkomponente aufspaltet, sinnlos. Sinnvoll ist nur die Frage, in wieviel Komponenten das ganze, durch das Wertepaar von L und S definierte Multiplett aufspaltet. Diese Zahl ist, da bei jedem der $2L + 1$ M_L-Werte jeder der $2S + 1$ M_S-Werte realisiert sein kann, gleich $(2L + 1)(2S + 1)$. Nun gilt aber die mathematische Beziehung

$$(2L + 1)(2S + 1) = \sum_{J = |L-S|}^{L+S} (2J + 1) \,. \qquad (29.11)$$

Die rechts stehende Zahl ist gerade die Anzahl der Zeeman-Komponenten (Grenzfall $H \to 0$) des ganzen Multipletts. Die Zahl aller Komponenten des gesamten Multipletts ist also *unabhängig* von der Feldstärke H [1]. Der Effekt der $(\vec{L}, \vec{S})$-Entkopplung konnte deshalb experimentell auch nicht durch Abzählung der Zustände, sondern nur daran entdeckt werden, daß sich beim Übergang zu hohen Feldstärken die Bedeutung der Quantenzahlen und damit auch infolge geänderter Auswahlregeln die Zahl der wirklich vorkommenden strahlenden Übergänge, d. h. die Zahl der Spektrallinien ändert. (Näheres siehe in Abschnitt 33.) Außerdem ist die Entkopplung durch die herstellbaren magnetischen Feldstärken nur bei Atomen mit extrem kleiner Multiplettaufspaltung zu erzwingen, z. B. beim Li (F. Paschen und E. Back, 1912).

Abb. 43 zeigt die Verhältnisse beim Resonanzdublett eines Alkali-Atoms, links ohne Feld, Mitte schwaches Feld, rechts entkoppelndes Feld. Da die Feldstärke stetig anwächst, bleibt die gesamte *z-Komponente* des Drehimpulses wegen der Unmöglichkeit einer stetigen Änderung einer gequantelten Größe beim Anwachsen von H konstant. Demnach sind die *Paschen-Back-*Komponenten (Quantenzahlensatz L, S, M_L, M_S) den Zeeman-Komponenten (Quantenzahlensatz L, S, J, M_J) so zugeordnet, daß M_J konstant bleibt (siehe Abb. 43). Im Zwischengebiet zwischen den beiden Grenzfällen, wenn also Feldaufspaltung und Multiplettaufspaltung von derselben Größenordnung sind, ist eine modellmäßige Definition von anderen Quantenzahlen als L, S und M_J nicht möglich.

Zum Schluß sei bemerkt, daß die Proportionalität der Aufspaltung mit der Feldstärke H, deren modellmäßige Deutung durch die Einstellung eines schon ohne Magnetfeld vorhandenen magnetischen Momentes zum Magnetfeld erfolgt, nicht exakt gilt. Tatsächlich tritt noch ein mit H^2 gehender Anteil hinzu, d. h. an die Stelle von (29.1) tritt

$$W_{M_J} = -\mu_{Jz} H - a_m H^2 = -(\mu_{Jz} + \mu_{z\,\mathrm{ind.}}) H \,. \qquad (29.12)$$

---

[1] Anschaulich: diese Anzahl könnte sich nur unstetig sprunghaft um ganze Zahlen ändern, was bei stetiger Änderung von H nicht möglich ist.

Dieser *quadratische Zeeman*-Effekt wird durch die Vorstellung gedeutet, daß das magnetische Moment des Atoms nicht nur gegen das Feld gedreht, sondern dabei wegen seines nicht völlig starren Aufbaus aus den einzelnen Spin- und Bahnmomenten auch etwas deformiert wird, so daß ein dem Feld proportionales induziertes Moment

$$\mu_{z \text{ ind.}} = \alpha_m \cdot H \text{, } \quad \alpha_m = \text{magnetische Polarisierbarkeit,} \quad (29.13)$$

noch hinzukommt.

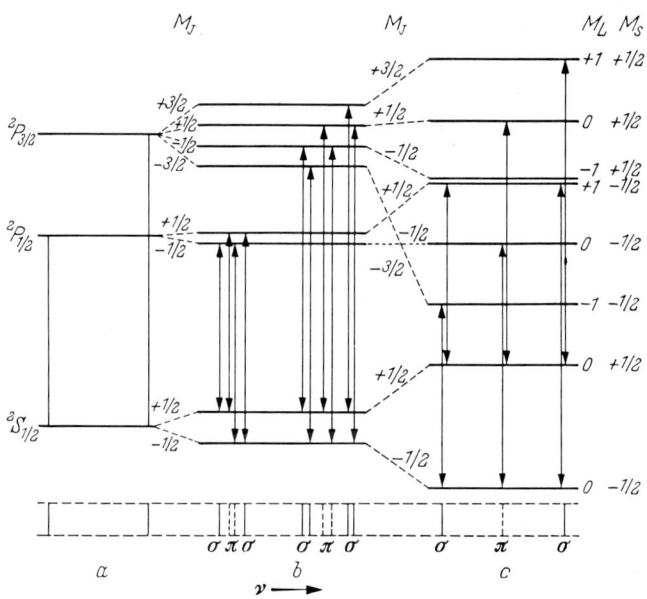

Abb. 43. Das Resonanzdublett $^2P \longleftrightarrow {}^2S$ eines Alkaliatoms: Links: ohne Feld; Mitte: Zeeman-Effekt; rechts: Paschen-Back-Effekt. Im Grenzfall beliebig hoher magnetischer Feldstärke oder verschwindender Dublettaufspaltung müssen die im Bild rechts eng zusammengezeichnete 3. und 4. Komponente von oben exakt zusammenfallen.

30. Atome im homogenen elektrischen Feld

Der von J. STARK (1913) entdeckte Einfluß eines elektrischen Feldes auf die Elektronenterme (*Stark*-Effekt) hat nicht die große Bedeutung des *Zeeman*-Effektes für die Erforschung der Elektronenhülle der Atome gehabt. Wir behandeln ihn daher nur kurz.

Die experimentelle Aufgabe besteht darin, in einem möglichst starken elektrischen Feld, d. h. in einem möglichst hoch aufgeladenen möglichst engen Kondensator möglichst viele Atome zum Leuchten zu bringen. Wegen der Gefahr einer elektrischen Entladung ist diese Aufgabe

nicht leicht zu lösen. STARK hatte Erfolg mit der in Abb. 44 dargestellten Anordnung für Beobachtung in Emission. Man erhält experimentell

1. eine zur Feldstärke E proportionale Aufspaltung der Terme
(linearer *Stark*-Effekt) nur beim Wasserstoff, dazu eine zu E^2 proportionale Verschiebung (Abb. 45),

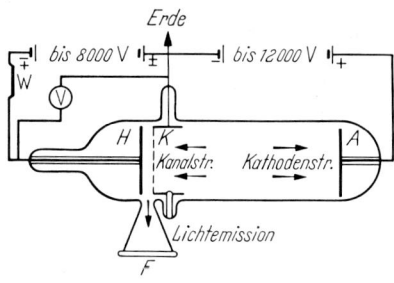

Abb. 44. Experimentelle Anordnung von J.
STARK. Beobachtet wird das Leuchten der in den
Kondensator HK geschossenen Kanalstrahlen

2. eine zu E^2 proportionale Verschiebung oder Aufspaltung der Terme bei allen anderen Atomen.

Die modellmäßige Deutung der Sonderstellung des H-Atoms ist die folgende: Da der Schwerpunkt der negativen Ladung eines auf einer Ellipsenbahn umlaufenden Elektrons, der Ellipsenmittelpunkt, nicht mit der in einem Brennpunkt befindlichen positiven Kernladung zusammenfällt, stellt eine solche Ellipsenbahn im zeitlichen Mittel einen elektrischen Dipol dar, auf den das äußere Feld ein Drehmoment ausübt. Diesem Drehmoment weicht der Drehimpulsvektor $\vec{j}$ aus, und durch den bekannten Präzessionsmechanismus wird die magnetische Quantenzahl m_j definiert. Doch haben hier im Gegensatz zum Magnetfeld die beiden Einstellungen $\pm m_j$ dieselbe Energie, da sie sich nur durch den Umlaufsinn des Elektrons unterscheiden, das Dipolmoment also dasselbe ist.

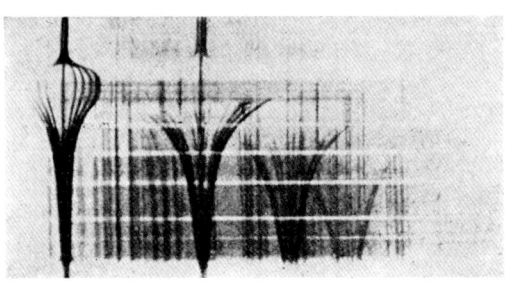

Abb. 45. Aufspaltung der Wasserstofflinien im elektrischen Feld. Die Feldstärke variiert längs
der auf den Spektrographenspalt abgebildeten Lichtquelle

Die Größe der Aufspaltung hängt von der Größe des Dipolmoments, d. h. der Exzentrizität der Ellipse, d. h. von *l* ab. Da bei Beobachtung mit nicht extrem hoher Auflösung alle $2n^2$ Zustände mit gleichem *n* in einem Term zusammenfallen, ist die Aufspaltung eines solchen Terms sehr kompliziert. Die Einstellung des bei gegebenen *l* (= gegebener Ellipsenbahn) vorhandenen elektrischen Dipolmoments zum äußeren

Feld liefert die zur Feldstärke proportionale Aufspaltung, d. h. den linearen Effekt. In höherer Näherung wird jedoch nicht einfach eine präzedierende Keplerellipse, sondern eine sehr viel verwickeltere Bahn durchlaufen, auf deren Ausrechnung hier verzichtet werden soll (SCHWARZSCHILD und EPSTEIN 1916). Der lineare Effekt tritt als erstes Glied einer Reihenentwicklung nach Potenzen der Feldstärke auf.

Bei Mehrelektronensystemen sind die Bahnen nach Abschnitt 14 wegen der Aufhebung der l-Entartung Rosettenbahnen. Das bedeutet aber, daß im Mittel über die Elektronenbewegung gar kein permanentes elektrisches Dipolmoment existiert, also kein linearer *Stark*-Effekt bestehen kann. Es wird jedoch durch das äußere Feld, das Kern und Elektronen des Atoms in entgegengesetzter Richtung auseinanderzieht, ein der Feldstärke proportionales Dipolmoment erzeugt [1], so daß die Energieänderung des Atoms im Feld proportional E^2 wird (quadratischer *Stark*-Effekt). Die Konstante a_e der Beziehung

$$p_{z \text{ ind.}} = a_e \cdot E \qquad (30.1)$$

heißt analog zu der Konstanten a_m des quadratischen *Zeeman*-Effektes in (29.13) die *elektrische* Polarisierbarkeit und ist wie jene vom Zustand des Atoms, d. h. von den Quantenzahlen abhängig.

Wir bekommen auch hier bei gegebenem J eine Aufspaltung nicht in $2J + 1$ Komponenten, sondern in $J + 1$ Komponenten bei ganzzahligem, in $J + \frac{1}{2}$ Komponenten bei halbzahligem J, da a_e vom Umlaufssinn der Elektronen, d. h. vom Vorzeichen von M_J unabhängig ist ($\{\pm M_J\}$-Entartung). Bei halbzahligem J (ungerader Elektronenzahl N) ist also jede Komponente mit $M_J = \pm J, \ldots, \pm \frac{1}{2}$ im Feld noch *zweifach* entartet. Dasselbe gilt bei ganzem J (gerader Elektronenzahl N) für $M_J = \pm J, \ldots, \pm 1$. Jedoch gibt es hier *eine einfache* Komponente, nämlich $M_J = 0$, da $M_J = +0$ und $M_J = -0$ natürlich identisch sind.

31. Atome im inhomogenen Magnetfeld

Wir erzeugen ein inhomogenes Magnetfeld dadurch, daß die Polschuhe des benutzten Magneten nicht eben, sondern als Schneide und Rinne ausgebildet sind (Abb. 46). Auf der Mittellinie des Feldes (z-Achse) sind Feldvektor und Gradientenvektor des Feldes der z-Achse parallel gerichtet. In einem solchen Feld wirkt auf ein Atom vom wirksamen Moment $\vec{\mu}_J$ nicht nur das Drehmoment $|\vec{\mu}_J| \cdot H \sin \vartheta$ wie im homogenen Feld, sondern zusätzlich die Kraft

$$\vec{K} = \text{grad} \, (\vec{H} \, \vec{\mu}_J), \qquad (31.1)$$

---

[1] Das Atom wird *polarisiert*.

von der nur die z-Komponente

$$K_z = \mu_{J_z} \cdot \frac{\partial H}{\partial z} = -M_J\, g_J\, \mu_B \cdot \frac{\partial H}{\partial z} \qquad (31.2)$$

nicht verschwindet. Schickt man also einen schmal ausgeblendeten Atomstrahl senkrecht zum Feld, etwa parallel zur y-Achse, so daß er unter

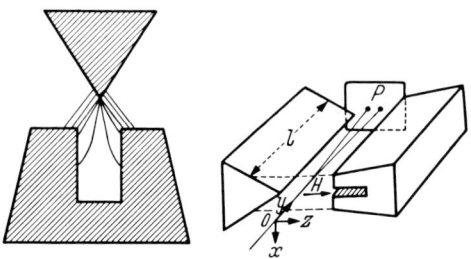

Abb. 46. Inhomogenes Magnetfeld zwischen Schneide und Rinne einer Atomstrahlapparatur

der Schneide auf der Mittellinie verläuft, durch den Magneten, so werden die Atome je nach ihrer Einstellung zur Feldrichtung (Richtungsquantelung), d. h. nach Maßgabe von M_J in der Feldrichtung abgelenkt, und zwar bei positivem $M_J\, g_J$ nach der Rinne, bei negativem $M_J\, g_J$ nach der Schneide zu. Der Atomstrahl wird also in $2J+1$ Teilstrahlen aufgefächert. Da die Atome im Innern des Magneten von der Länge l in erster Näherung $\left(\dfrac{\partial H}{\partial z}\ \text{konstant längs der Bahn}\right)$ auf Parabeln fliegen, ist ihre Ablenkung am Ende des Magneten gleich

$$\Delta z = -\frac{1}{2}\, M_J\, g_J\, \mu_B\, \frac{\partial H}{\partial z} \cdot \frac{l^2}{mv^2} \qquad (31.3)$$

oder, wenn T die absolute Temperatur des Ofens, aus dem die Atome kommen, d. h.

$$\frac{1}{2}\, mv^2 = \frac{3}{2}\, kT \qquad (31.4)$$

die mittlere kinetische Energie der Atome ist, gleich

$$\Delta z = -\frac{1}{6}\, M_J\, g_J\, \mu_B\, \frac{\partial H}{\partial z}\, \frac{l^2}{kT} \cdot \qquad (31.5)$$

Vor hier aus fliegen sie gradlinig weiter, so daß ihr Auftreffpunkt auf der im Abstand a hinter dem Ende des Magneten stehenden Platte von dem Auftreffpunkt bei abgeschaltetem Feld um den Abstand

$$s = \Delta z + a\left(\frac{v_z}{v_y}\right)_{y=l} = -\frac{1}{3}\, M_J\, g_J\, \mu_B\, \frac{\partial H}{\partial z}\, \frac{l}{kT}\left(\frac{l}{2}+a\right) \qquad (31.6)$$

entfernt liegt. Die Aufspaltung des Atomstrahls in $2J+1$ scharf voneinander getrennte Teilstrahlen bedeutet einen direkten experimentellen

Beweis für die scharfe Richtungsquantelung. Der Versuch ist zuerst 1921 von STERN und GERLACH mit Erfolg am Silberatom ausgeführt worden. Abb. 47 zeigt das Ergebnis eines Versuches mit Wasserstoffatomen. Man sieht deutlich die Aufspaltung des Grundzustandes $^2S_{1/2}$ in die zwei Zustände $M_J = m_s = \pm 1/2$. Die Aufspaltung in 2 Komponenten ist übrigens ein direkter Beweis für die Halbzahligkeit des Elektronenspins.

Durch extreme Vergrößerung von l und $\dfrac{\partial H}{\partial z}$ kann man jeden der durch die Richtungsquantelung der Elektronenhülle unterschiedenen Teilstrahlen noch einmal wieder in die $2l+1$ Teilstrahlen aufspalten,

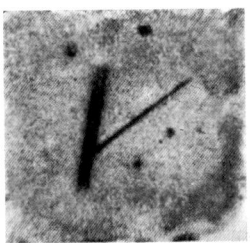

Abb. 47. Magnetische Aufspaltung eines Strahls von Wasserstoffatomen. Schräg: Kontrollversuch ohne Magnetfeld bei gedrehter Platte

die sich durch die Richtungsquantelung des Kernspins unterscheiden. Wegen der Kleinheit des hierbei wirksamen Kernmagnetons ist die Aufspaltung äußerst klein (RABI und Mitarbeiter).

Aufgabe 25: Beweise die Gleichungen (31.3) und (31.6).

H. Strahlungsprozesse

An mehreren Stellen haben wir bereits auf die allgemein bei den Spektren beobachtete Tatsache hingewiesen, daß nicht alle Übergänge, die in das Termschema eingezeichnet werden können, wirklich als strahlende Übergänge vorkommen. Für viele Übergänge gelten sogenannte *Übergangsverbote,* oder umgekehrt, die erlaubten Übergänge werden ausgewählt nach sogenannten *Auswahlregeln.* Diese Auswahlregeln lassen sich wellenmechanisch herleiten, wenn die Eigenfunktionen der beiden kombinierenden Zustände bekannt sind. Da wir bei Mehrelektronensystemen auf deren Berechnung zugunsten des Vektorgerüstmodells verzichten mußten, wollen wir auch die Auswahlregeln mit diesem Modell wenigstens veranschaulichen, und zwar zunächst für den wichtigsten Fall der elektrischen Dipolstrahlung, um die Ergebnisse dann an Multiplettspektren und am *Zeeman*-Effekt zu prüfen. Schließlich werden wir aber auch die quantentheoretische Behandlung wenigstens kurz skizzieren.

33. Auswahlregeln für elektrische Dipolstrahlung

Die Quantentheorie beschreibt die Emission und Absorption von Strahlung als spontane, in ihrem zeitlichen Ablauf nicht verfolgbare, korpuskulare Prozesse, bei denen Lichtquanten bekannter Energie emittiert oder absorbiert werden. Von den durch Wellenversuche definierten Bestimmungsstücken der außerhalb des Atoms auftretenden Strahlung ist also zunächst nur die Frequenz, und zwar durch die Bohrsche Frequenzbedingung (13.2) bekannt. Dagegen wissen wir bisher weder etwas über die Polarisation der Strahlung noch über ihre Intensität, d. h., im korpuskularen Bild gesprochen, über die Häufigkeit oder *Wahrscheinlichkeit* der spontanen Emissionsprozesse [1]. Erstens ist also die Frage zu beantworten, weshalb denn *überhaupt* zwischen den durch die *Schrödinger*-Gleichung gelieferten Zuständen strahlende Übergänge geschehen können, und zweitens, weshalb nicht zwischen *allen*, sondern nur zwischen ganz bestimmten Zuständen solche Übergänge wirklich vorkommen.

In der klassischen Elektrodynamik wird die Ausstrahlung einer elektromagnetischen Welle zurückgeführt auf die Bewegung von Elektronen, z. B. in einer Stab- oder Ringantenne, d. h. auf die zeitliche Änderung von elektrischen Dipolmomenten (und Multipolmomenten höherer Ordnung, die erst in Abschn. 36 behandelt werden). Im Rahmen der klassischen Elektrodynamik stellt also die Bahnbewegung der Elektronen im Atom eine Antenne von atomaren Dimensionen dar, deren zeitlich sich änderndes Dipolmoment von dem positiven Kern auf der einen und den negativen Elektronen auf der anderen Seite gebildet wird. Wir werden sehen, daß die Existenz dieses Dipolmomentes tatsächlich die Ursache der Ausstrahlung ist [2], obwohl die klassische Elektrodynamik grundsätzlich nicht imstande ist, den korpuskularen Charakter der Lichtquantenemission zu beschreiben. Als Brücke zwischen der klassischen und der Quantenphysik werden wir das Korrespondenzprinzip benutzen, und zwar zunächst für den bereits in Abschnitt 16 behandelten Fall des H-Atoms ohne Spin.

---

[1] Wir behandeln hier zunächst die Emission, die Ergebnisse gelten auch für die Absorption, wie später gezeigt wird.
[2] Beispiel: Bei genügend großer Masse des Kerns (siehe Aufgabe 9) würde ein Atom bereits mit ungeladenem Kern und Elektron infolge der Gravitation genau dasselbe Termschema haben wie das wirkliche Wasserstoffatom. Wegen des Fehlens der elektrischen Ladungen würden jedoch keine strahlenden Übergänge zwischen den Termen vorkommen!

a) Ein Elektron ohne Spin

Hier macht das Korrespondenzprinzip folgende Aussage (wir benutzen in (16.3) statt der Hauptquantenzahl n die für Kreisbahnen gleichberechtigte, für allgemeinere Bahnen und das Vektorgerüstmodell aber wichtigere Bahnquantenzahl l). Im Grenzfall $l \to \infty$ geben die Übergänge und *nur* die Übergänge mit

$$\Delta l = \pm 1 \qquad (33.1)$$

genau die mit der Umlaufsbewegung des Elektrons nach der klassischen Physik verknüpfte *elektrische Dipolstrahlung.* In diesem Grenzfall ist natürlich auch die *Polarisation* der Strahlung die von der klassischen Physik gegebene, d. h. bei Beobachtung *senkrecht* zur Bahnebene (parallel zu $\vec{l}$) erscheint die Strahlung *zirkular,* bei Beobachtung *in* der Bahnebene *linear* und in den Zwischenrichtungen *elliptisch* polarisiert. Wir verschaffen uns jetzt eine in Zukunft immer benutzte Arbeitshypothese, indem wir nach BOHR die in Abschnitt 16 benutzte Formulierung des Korrespondenzprinzips in der folgenden, sehr naheliegenden Weise verallgemeinern: Beim Übergang vom Grenzfall $l = \infty$ zu endlichen Werten von l weicht zwar die *Frequenz* der Strahlung nach der Bohrschen Frequenzbedingung von der klassischen (Umlaufs-)Frequenz ab. Die in der Grenze gültige Auswahlregel (33.1) soll aber immer gelten. Da ferner die Lichtquantenhypothese über den Strahlungs*charakter* (Dipol-, Quadrupol- oder höhere Multipolstrahlung)[1] sowie über die Polarisation der Strahlung gar keine Aussagen macht, bleibt in diesen Fragen die klassische Physik auch bei endlichen Quantenzahlen in Kraft. D. h. bezüglich des Strahlungscharakters und der Polarisation können wir die Bahnbewegung der Elektronen als klassisch elektrodynamische Antenne von atomaren Dimensionen auffassen. Dabei werden wir die Polarisation der Strahlung immer auf die einzige ausgezeichnete Richtung, nämlich die des jeweils raumfesten, scharf gequantelten Drehimpulsvektors beziehen. Es wird sich zeigen, daß diese Hypothese imstande ist, die experimentellen Ergebnisse richtig zu beschreiben, d. h. daß sie zu Recht besteht. Man kann also jeder Spektrallinie als klassische Ersatz-Lichtquelle eine atomare Antenne von der Form der Elektronenbewegung, oder nach Komponentenzerlegung, von der Form einer in ihr enthaltenen Bewegungskomponente zuordnen, muß ihr allerdings die richtige Bohrsche Frequenz geben.

Diese Tatsache darf nicht in der Richtung falsch verstanden werden, als könne man nun den zur Emission eines Lichtquantes führenden spontanen „Elektronensprung" als eine Elektronenschwingung deuten.

---

[1] Die von den verschiedenen Multipolen ausgestrahlten Wellen unterscheiden sich in charakteristischer Weise durch die Richtungsverteilung der Strahlungsleistung und die Polarisation, woran sie experimentell zu unterscheiden sind.

Die Lichtemission oder -absorption ist ein spontaner *korpuskularer* Prozeß, auf den der klassische Begriff einer kontinuierlichen *Wellen*-emission oder -absorption gar nicht angewandt werden darf. Dagegen sind die Experimente zum Bestimmen der Polarisation und des Strahlungscharakters reine *Wellen*versuche an der sich ausbreitenden Lichtwelle, wobei Strahlungsleistung und Beobachtungsdauer immer so groß gewählt werden, daß das Versuchsergebnis jeweils einen statistischen Mittelwert über sehr viele korpuskulare Emissionsakte darstellt. Die obige Hypothese besagt dann nur, daß diese gemittelten Versuchsergebnisse so beschaffen sind, *als ob* das Licht nicht als statistische Folge von diskreten Quanten, sondern als kontinuierliche Lichtwelle von der atomaren Elektronenbewegung nach dem Mechanismus der klassischen Lichtwellenemission ausgesandt worden wäre. Diese Tatsache ist ein besonders schönes Beispiel für den statistischen Charakter der Quantenphysik und ihren korrespondenzmäßigen Zusammenhang mit der kontinuierlich ablaufenden klassischen Physik.

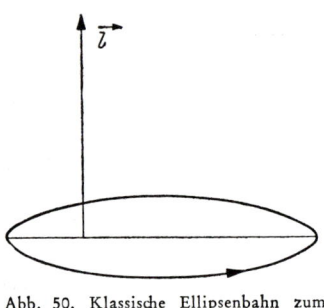

Abb. 50. Klassische Ellipsenbahn zum Drehimpuls $\vec{l}$

Daraus folgt für unser Einelektronenatom ohne Spin[1] die *Auswahlregel:* Nur die Übergänge mit

$$\Delta l = \pm 1 \tag{33.1}$$

liefern elektrische Dipolstrahlung. Das Elektron bewegt sich in der auf $\vec{l}$ senkrechten Ebene im allgemeinen Fall im Feld des Kerns auf einer Ellipse (Abb. 50), deren Perihel wir uns aber nach Abschn. 14 gleichförmig gedreht denken müssen. Im ganzen ist also auch hier wie bei der Bohrschen Kreisbewegung der Elektronenumlauf um $\vec{l}$ rotationssymmetrisch. Dasselbe muß für das Strahlungsfeld gelten.

Da sich nach (33.1) bei der Emission eines Lichtquants der Drehimpuls des Atoms vergrößert oder verkleinert, muß das Lichtquant nach Größe und Richtung den zur Konstanthaltung des vor dem Emissionsakt vorhandenen Gesamtdrehimpulses nötigen Drehimpuls mitbekommen. Die Strahlung in Richtung von $\vec{l}$ z. B. muß also zirkular polarisiert sein, und zwar je nach dem Vorzeichen in (33.1) mit entgegengesetztem Drehsinn. Es korrespondieren also *einem* klassischen Elektronenumlauf *zwei gegenläufig zirkular* drehende atomare Lichtquellen, wovon wir im folgenden stets ausgehen werden.

---

[1] Das natürlich in der Natur nicht vorkommt! Wir brauchen jedoch später die Auswahlregel (33.1).

Da jedoch im allgemeinen keine Raumrichtung physikalisch vor den anderen ausgezeichnet ist, also die Richtung von $\vec{l}$ für die verschiedenen Atome einer Lichtquelle unbekannt ist, ist die Strahlung im ganzen unpolarisiert. (Es hat auch keinen Sinn, die Frage nach der Polarisation des von einem einzelnen Atom ausgesandten Lichtes zu untersuchen. Eine scharfe Begründung dafür wird am Ende von Abschnitt 33 f gegeben.)

b) Ein Elektron mit Spin

Hier steht die Bahnellipse schräg zu der einzigen fest definierten Richtung, der des Gesamtdrehimpulses $\vec{j}$. Wir können die Elektronenbewegung also zerlegen in eine Ellipsenbewegung (d. h. korrespondenzmäßig zwei gegensinnige Kreisbewegungen) in der Ebene senkrecht auf $\vec{j}$ sowie eine Schwingung in Richtung von $\vec{j}$ [1] (Abb. 51). Den beiden ersten entsprechen in sinngemäßer Erweiterung von (33.1) Übergänge, bei denen sich die scharf definierte Drehimpulsquantenzahl j um $+1$ oder -1 ändert, der Schwingung entsprechen Übergänge, bei denen j sich nicht ändert, da eine Schwingung parallel $\vec{j}$ nichts zu dem Drehimpuls $\vec{j}$ beiträgt. Es gilt also streng die *Auswahlregel:* Elektrische Dipolstrahlung ist nur bei den Übergängen

$$\Delta j = \pm 1,0 \quad \text{außer} \quad 0 \longleftrightarrow 0 \,^2 \quad (33.2)$$

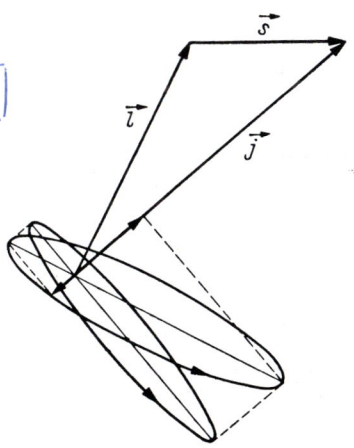

erlaubt. Daneben wird auch die Regel (33.1) noch angenähert befolgt, solange l noch angenähert als Quantenzahl definiert, d. h. die Dublettaufspaltung klein ist. In diesem Fall sind Übergänge, bei denen sich l um andere als die in (33.1) angegebenen Werte ändert, sehr selten gegenüber den Übergängen, bei denen (33.2) *und* (33.1) befolgt werden. In diesem statistischen Sinn soll immer die „unscharfe Gültigkeit" einer Auswahlregel verstanden werden.

Abb. 51. Zerlegung des Elektronenumlaufs um $\vec{l}$ in einen Umlauf um $\vec{j}$ und eine Schwingung parallel $\vec{j}$

---

[1] Klassisch haben diese drei Bahnbewegungen dieselbe Frequenz und eine feste Phasenbeziehung zueinander. In der Quantentheorie treten ihre Dipolmomente als unabhängige Operatoren (Absatz 38) auf, die unabhängige atomare Lichtquellen beschreiben.

[2] Einen Beweis für das $0 \longleftrightarrow 0$-Verbot siehe unter f.

c) Mehrere Spinelektronen

Die gesamte Elektronenbewegung wird zerlegt in zwei gegensinnige Umläufe um $\vec{J}$ und eine Schwingung parallel zu $\vec{J}$. Auch hier gilt also ganz analog zum vorigen Beispiel streng die Regel

$$\Delta J = 0, \pm 1 \quad \text{außer} \quad 0 \longleftrightarrow 0 \qquad (33.3)$$

für elektrische Dipolstrahlung. Im Fall der *Russell-Saunders*-Kopplung gilt zusätzlich *unscharf*, d. h. um so schärfer, je kleiner die Multiplettaufspaltung ist, mit guter Annäherung die Regel

$$\Delta L = 0, \pm 1 \qquad (33.4)$$

für die nur unscharf definierte Bahnquantenzahl L und die Regel

$$\Delta S = 0 \qquad (33.5)$$

für die ebenfalls nur unscharf definierte Spinquantenzahl S. Dabei unterscheidet sich (33.4) von der Bahnregel für ein Elektron (33.1) durch das Auftreten der Übergänge mit $\Delta L = 0$. Dem liegt die Tatsache zugrunde, daß bei der Zerlegung der Bahnen der einzelnen Elektronen nach der Richtung von $\vec{L}$ auch eine Schwingung parallel zu $\vec{L}$ auftritt, da die $\vec{l_i}$ nicht parallel zu $\vec{L}$ stehen. Die Spinregel (33.5) heißt *Interkombinationsverbot*, da sie Übergänge zwischen Termen verschiedener Multiplizität verbietet. Sie beruht darauf, daß klassisch mit der Eigenrotation (dem Spin) der Elektronen kein rotierendes elektrisches Dipolmoment verknüpft ist. Deshalb kann in der Quantentheorie auch keine Änderung des Spins durch elektrische Dipolstrahlung vorkommen. Beide Regeln werden bei merklicher Multiplettaufspaltung durchbrochen, da dann L und S nicht mehr scharf definiert sind.

Liegt der entgegengesetzte Grenzfall der $(\vec{j}, \vec{j})$-Kopplung vor, so gilt neben der strengen Regel (33.3) unscharf die zusätzliche Regel

$$\Delta j_i = 0, \pm 1 \qquad (33.6)$$

für jedes einzelne Elektron.

Ein gutes Beispiel für die Wirksamkeit der Drehimpulsauswahlregeln ist der Übergang zwischen dem tiefsten Zustand $^1S_0$ des Singulettsystems und dem tiefsten Zustand $^3P_{0,1,2}$ des Triplettsystems beim Quecksilber. Wie Abb. 36 zeigt, tritt ein solcher Übergang, also eine Interkombination, wirklich auf. Die Interkombinationsregel (33.5) ist also durchbrochen ($\Delta S = 1$). Das liegt an der sehr großen Triplettaufspaltung von etwa 6200 cm^{-1} zwischen $^3P_0$ und $^3P_2$, derzufolge S keine scharf definierte Quantenzahl ist.

Wegen der strengen Regel (33.3) kommt jedoch von den an sich drei Übergängen des Tripletts nur der eine $^3P_1 \rightarrow {}^1S_0$ mit $\Delta J = 1$ wirklich vor. Ihm entspricht die bekannte Resonanzlinie $\lambda = 2537$ Å, die als intensive ultraviolette Linie der Quecksilberlampen bekannt ist. Doch ist das Interkombinationsverbot (33.5) noch so wirksam, daß die Intensität dieser Linie doch um etwa den Faktor 40 geringer ist als die der alle Regeln befolgenden Linie $^1P_1 \rightarrow {}^1S_0$, $\lambda = 1850$ Å desselben Atoms. Die Zustände $^3P_0$ und $^3P_2$, von denen das Atom nicht durch Strahlungsemission in den Grundzustand übergehen kann, die also bis zum Eintreten eines strahlungslosen Überganges (beispielsweise eines Zusammenstoßes mit einem anderen Atom, bei dem die Anregungsenergie in kinetische Energie umgesetzt wird, eines sogenannten Stoßes zweiter Art) bestehen bleiben, heißen *metastabil*. Beim Helium, bei dem die Triplettaufspaltung außerordentlich klein, gerade an der Grenze des noch experimentell Auflösbaren ist, gilt das Interkombinationsverbot streng. D. h. die He-Atome, die einmal in die hoch angeregten Triplettzustände gebracht sind, können durch Strahlung nicht wieder in den Grundzustand übergehen. Da sie sich also wie eine andere Atomart benehmen, hat man früher Ortho-Helium (Triplettsystem) und Par-Helium (Singulettsystem) unterschieden. — Man überzeugt sich leicht, daß auch die in Abb. 34 eingezeichneten Übergänge genau die durch (33.3) erlaubten sind.

d) Hyperfeinstruktur

Ist im Spektrum die Hyperfeinstruktur aufgelöst, so sind natürlich zunächst die Auswahlregeln auf die sich überlagernden Spektren der einzelnen Isotopen getrennt anzuwenden, so daß also eine reine Isotopiehyperfeinstruktur nichts Neues gibt. Ist jedoch eine magnetische Hyperfeinstruktur vorhanden, so ist der Gesamtdrehimpuls nicht $\vec{J}$, sondern $\vec{I} + \vec{J} = \vec{F}$ und es gilt streng die *Auswahlregel*

$$\Delta F = 0, \pm 1 \qquad \text{außer } 0 \longleftrightarrow 0 . \qquad (33.7)$$

Da jedoch die Hyperfeinstrukturaufspaltung der Terme wegen der Kleinheit der magnetischen Kernmomente immer sehr klein ist gegenüber den sonstigen Termabständen, d. h. die Hyperfeinstruktur eng ist gegen die Multiplettstruktur, kann auch J noch als sehr scharf definierte Quantenzahl angesehen werden, woraus folgt, daß neben (33.7) auch die Auswahlregel (33.3) mit großer Schärfe gilt [1]. Da bei Aufnahmen mit normalen Spektrographen die Hyperfeinstruktur im allgemeinen nicht aufgelöst ist, ist hier also (33.3) bei der Deutung der Spektren zu verwenden. Als Beispiel für (33.7) siehe Abb. 39.

e) Die Laportesche Auswahlregel

Zu allen bis hierher abgeleiteten Auswahlregeln tritt eine sehr streng gültige Auswahlregel hinzu, die auf die bisherige Weise nicht abgeleitet werden kann. Sie macht eine Aussage darüber, wie sich bei den Übergängen die Bahnbewegungen der *einzelnen* Elektronen, auf denen ja

---

[1] Dasselbe gilt für die Kernspinquantenzahl und ihre zu (33.5) analoge Auswahlregel $\Delta I = 0$.

letztlich die Strahlung beruht, ändern müssen. Teilt man nämlich die Terme eines Atoms in *gerade* und *ungerade Terme* ein [1], je nachdem die Summe $\sum_{i=1}^{N} l_i$ der Bahnquantenzahlen gerade oder ungerade ist, so gilt die von O. LAPORTE 1924 empirisch gefundene Regel: *Elektrische Dipolstrahlung ist nur möglich bei Paritätswechsel, also Übergängen zwischen einem geraden und einem ungeraden* Term. D. h. die oben genannte Summe muß sich um eine ungerade Zahl ändern.

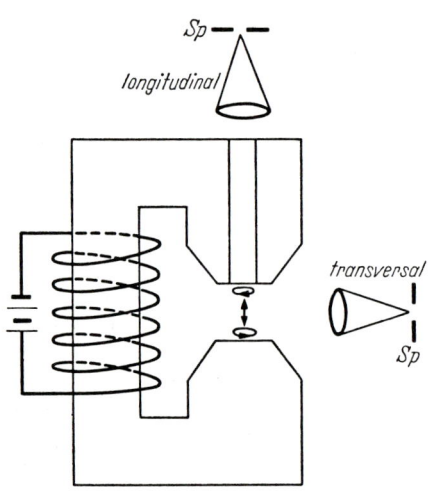

Abb. 52. Longitudinale und transversale Beobachtung einer atomaren Lichtquelle (schematisch) im Magnetfeld. *Sp* = Spektrographenspalt

f) Atome im homogenen äußeren Feld

Wir behandeln zunächst das *schwache* Magnetfeld (*Zeeman*-Effekt). Die maßgebende Richtung ist die des äußeren Feldes, parallel zu dem der im Mittel über die Elektronenbewegung konstante und durch die magnetische Quantenzahl M_J gemessene Drehimpuls gerichtet ist. Die Zerlegung der Elektronenbewegung gibt zwei gegenläufige Kreisbewegungen um das Feld und eine Schwingung parallel zum Feld (Abb. 52). Es gilt also streng die *Auswahlregel*

$$\Delta M_J = \begin{cases} 0 & \text{für } \pi\text{-Komponenten} \\ \pm 1 & \text{für } \sigma\text{-Komponenten} \end{cases} \qquad (33.8)$$

der elektrischen Dipolstrahlung. Dabei ist jetzt wirklich die Polarisation der Strahlung beobachtbar, da die ausgezeichnete Richtung für alle Atome dieselbe ist. Der parallel zum Feld schwingende Dipol, der jedem der Übergänge mit $\Delta M_J = 0$ als Ersatz-Lichtquelle korrespondiert, strahlt nach den Gesetzen der Elektrodynamik in Feldrichtung gar nicht, senkrecht zum Feld linear polarisiertes Licht ab, dessen elektrischer Vektor parallel zum Feld schwingt (daher π-Komponente). Die beiden den Übergängen $\Delta M_J = \pm 1$ korrespondierenden Kreisströme strahlen parallel zum Feld gegensinnig zirkular polarisiertes Licht, senkrecht zum Feld linear polarisiertes Licht, dessen elektrischer Vektor senkrecht zum Feld schwingt (daher σ-Komponenten), und schräg zum Feld elliptisch

---
[1] D. h. gibt man ihre *Parität* an.

polarisiertes Licht aus. Bei zum Feld transversaler Beobachtung [1] der im Magneten befindlichen Lichtquelle sieht man also die π- und o-Komponenten senkrecht zueinander linear polarisiert. Bei longitudinaler

Abb. 53. Zeeman-Komponenten der Linie $^7S_3 \to {}^7P_4$, $\lambda = 4254$ Å, des Chroms. π-Komponenten (oben) und σ-Komponenten (unten) getrennt photographiert

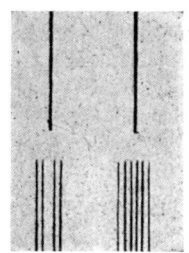

Abb. 54. Die Resonanz-(D)-Linien des Natriums. Oben ohne, unten mit Feld. Vgl. Abb. 43 Mitte

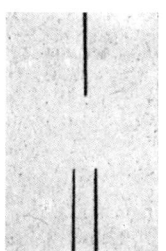

Abb. 55. „Normaler" Zeeman-Effekt der Linie $^1P_1 \to {}^1D_2$, $\lambda = 6438$ Å, des Cd. π-Komponenten oben, σ-Komponenten unten

Beobachtung durch einen durch den Polschuh des Magneten gebohrten feldparallelen Kanal sieht man nur die σ-Komponenten, und zwar entsprechend den beiden Vorzeichen in (33.8) gegenläufig zueinander zirkular polarisiert. Diese Vorhersagen stimmen ausnahmslos mit den experimentellen Ergebnissen überein, wodurch unsere Arbeitshypothese nachträglich aufs schönste gerechtfertigt wird. Zum Beispiel zeigt Abb. 53 die Polarisation der auf Grund von (33.8) auftretenden Komponenten einer Cr-Linie, Abb. 54 die *Zeeman*-Komponenten des Resonanzdubletts $^2P_{3/2}$, $_{1/2} \to {}^2S_{1/2}$ des Natriums (Na-D-Linien). Ein interessanter Spezialfall ist der eines Singulett-Singulett-Überganges. Hier ist für den oberen wie unteren Term $S = 0$ und $g_J = g_L = 1$, d. h. nach (29.2) ist die Schrittweite der *Zeeman*-Aufspaltung in beiden Termen die gleiche. Daraus folgt, daß von den nach (33.8)

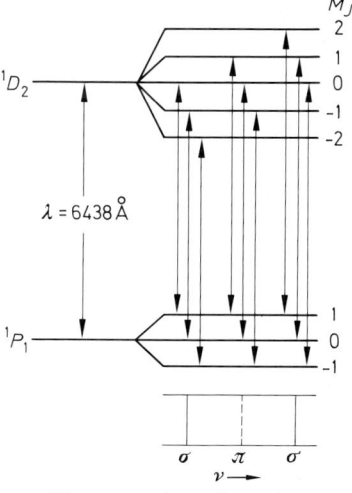

Abb. 56. Termschema zu Abb. 55

auftretenden Übergängen so viele zusammenfallen, daß nur drei Linien, und zwar eine π-Komponente und zwei gegenläufige σ-Komponenten überbleiben. Abb. 55 zeigt ein Beispiel. Dieser, ohne die

---

[1] Die Beobachtung erfolgt natürlich mit einem Spektralapparat, der die *Zeeman*-Komponenten deutlich trennt.

Spinhypothese rein klassisch von H. A. Lorentz behandelte Spezialfall heißt, da vor der Entdeckung des Spins allein verständlich, der *normale* Zeeman-Effekt. Der Normalfall dagegen heißt *anomaler* Zeeman-Effekt.

Beim *Zeeman*-Effekt ist natürlich, da J noch praktisch als scharf definierte Quantenzahl gelten kann, neben (33.8) auch die Regel (33.3) noch mit großer Schärfe gültig.

Geht man jedoch zum *Paschen-Back*-Effekt, d. h. zum Grenzfall Feldaufspaltung $\gg$ Multiplettaufspaltung über, so ist die Quantenzahl J nicht mehr definiert, da $\vec{L}$ und $\vec{S}$ entkoppelt werden. An die Stelle von (33.8) treten also die Regeln

$$\Delta M_L = \begin{cases} 0 & \text{für } \pi\text{-Komponenten} \\ \pm 1 & \text{für } \sigma\text{-Komponenten} \end{cases} \tag{33.9}$$

und wegen der Strahlungslosigkeit des Spins

$$\Delta M_S = 0, \tag{33.10}$$

während die Regel (33.3) natürlich nicht mehr gilt. Man überzeugt sich leicht an Hand von Abb. 43, daß der Übergang von der Regel (33.8) zu den Regeln (33.9, 33.10) tatsächlich eine Verringerung der Zahl der Spektrallinien bedeutet, wodurch sich die $(\vec{L}, \vec{S})$-Entkopplung verrät.

Im schwachen homogenen elektrischen Feld, also beim *Stark*-Effekt, gilt ebenfalls die Regel (33.8). Doch ist zu berücksichtigen, daß hier die Terme mit entgegengesetzt gleichem M_J zusammenfallen.

Beim Übergang zu verschwindender Feldstärke fallen die verschieden polarisierten *Zeeman*- oder *Stark*-Komponenten zusammen. Da jetzt keine Raumrichtung mehr physikalisch ausgezeichnet ist, kann auch die Strahlung des Atoms keine Vorzugsrichtung mehr enthalten. Die Strahlung muß also isotrop, d. h. nach allen Richtungen gleich intensiv und außerdem unpolarisiert sein. Dies ist aber nur möglich, wenn folgendes der Fall ist:

Von den zusammenfallenden *Zeeman*-Komponenten [1] sind gerade so viele π- und so viele σ-Komponenten, und die von jeder emittierte Strahlungsleistung ist gerade so groß, daß die in jeder beliebigen Richtung emittierte Strahlung insgesamt unpolarisiert ist, und daß außerdem die gesamte (unpolarisierte) Strahlungsleistung in allen Richtungen dieselbe ist.

Man prüft die Richtigkeit dieses sogenannten *Summensatzes*, indem man das Feld einschaltet, also die Strahlungsleistung der einzelnen polarisierten Komponenten getrennt mißt. Dann zeigt sich, daß tatsächlich z. B. bei transversaler Beobachtung die summierte Strahlungsleistung aller parallel zum Feld schwingenden π-Komponenten ebenso groß ist

---

[1] Sie sind auch nach dem Zusammentreffen voneinander unabhängig, d. h. ihre Strahlungsleistungen addieren sich ohne Interferenz, siehe Fußnote [1] auf S. 101.

wie die summierte Strahlungsleistung aller senkrecht dazu schwingenden
σ-Komponenten, vgl. qualitativ Abb. 53. Bei longitudinaler Beobachtung fehlt die Strahlung der π-Komponenten ganz, jedoch beobachtet
man ebensoviele zirkular rechts wie links drehende σ-Komponenten, so daß
beim Ausschalten des Feldes insgesamt wieder unpolarisiertes Licht entsteht. Die überhaupt in diese Richtung gestrahlte Leistung ist ebenso
groß wie die insgesamt in eine Richtung senkrecht zum Feld in den
gleichen kleinen Raumwinkel augestrahlte. Dasselbe gilt für die
Zwischenrichtungen, in denen man schräg zum Feld beobachtet. Die
Tatsache, daß ohne äußeres Feld die von einer Lichtquelle emittierte
Strahlung unpolarisiert ist, rührt also wesentlich von der Richtungsentartung der Zustände her.

Aus dem Summensatz folgt auch der bei Gl. (33.3) zunächst zu-
rückgestellte Beweis des Übergangsverbotes für $J = 0 \rightarrow J = 0$. Bei diesem Übergang könnte es nämlich nur eine π-Komponente $M_J = 0 \rightarrow M_J = 0$
geben, d. h. die Gesamtstrahlung müßte polarisiert und anisotrop sein.

Aufgabe 26: Zeige, daß auf Grund der Auswahlregeln bei nicht aufgelöster
Feinstruktur im Termschema des H-Atoms (Abb. 15) zwischen allen Termen
wirklich ein Übergang vorkommt.

Aufgabe 27: Analysiere an Hand der Auswahlregeln folgendes Multiplett:
$\bar{\nu} = 23\,148,9;\quad 23\,207,5;\quad 23\,235,6;\quad 23\,254,8;\quad 23\,306,9;\quad 23\,341,5\ \mathrm{cm}^{-1}$. Alle
6 Linien gehören zum selben ^3P - $^3P'$-Übergang des Ca-Atoms. Zeichne
Spektrum und Termschema.

Aufgabe 28: Berechne die g-Faktoren für die Terme $^7S_3$ und $^7P_4$ des
Chromatoms. Zeichne das Termschema im schwachen Magnetfeld mit den richtigen Schrittweiten der Aufspaltung. Zeichne nach der Auswahlregel die Übergänge ein und vergleiche mit Abb. 53. Beweise, daß die π-Komponenten in der
Mitte, die σ-Komponenten außen liegen.

34. Übergangswahrscheinlichkeit und mittlere Lebensdauer

Wir betrachten das Spektrum einer Lichtquelle, z. B. einer Gasentladung, die N Atome eines chemischen Elements enthalten möge. Der
Spektrallinie mit der Frequenz ν_{mn} entspricht dabei der Übergang vom
n-ten zum m-ten Term. Da wir nach BOHR jeden solchen Übergang als
einen von der Vorgeschichte des Atoms unabhängigen spontanen Akt
anzusehen haben, es also nicht möglich ist, vorherzusagen, zu welchem genauen Zeitpunkt er eintrifft, läßt sich nur eine *Wahrscheinlichkeit* dafür angeben, daß er irgendwann in der nächsten Sekunde eintreten wird, und zwar auf folgende Weise: Ist $N_n(t)$ zur Zeit t die
Anzahl der auf den n-ten Term angeregten Atome und sind diese
Atome sich selbst überlassen, ist also z. B. die Gasentladung abgeschaltet,
so ist die Zahl $dN_n^{(m)}(t)$ der zwischen den Zeiten t und $t + dt$ unter
Strahlung in den m-ten Zustand übergehenden Atome bei genügender
Kleinheit des Zeitelements dt sicher proportional $N_n(t)$ und dt:

$$dN_n^{(m)}(t) = -A_{mn}\, N_n(t)\, dt \;. \tag{34.1}$$

Das negative Vorzeichen steht deshalb, weil die Anzahl $N_n(t)$ im Laufe der Zeit abnimmt. Der Proportionalitätsfaktor

$$A_{mn} = -\frac{dN_n^{(m)}(t)}{N_n(t)} \cdot \frac{1}{dt}.$$ (34.2)

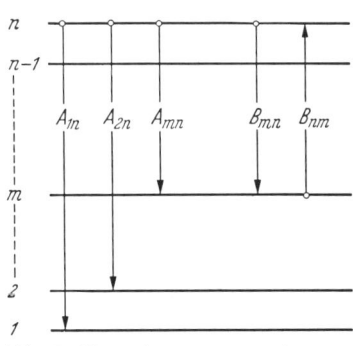

Abb. 57. Schema der spontanen und erzwungenen Übergänge

ist das Verhältnis der Zahl der je Zeiteinheit strahlenden zur Zahl der vorhandenen angeregten Atome, also die oben genannte Wahrscheinlichkeit, die *Übergangswahrscheinlichkeit*. Für Übergänge, die durch strenge Auswahlregeln verboten sind, hat die Übergangswahrscheinlichkeit den Wert Null, für erlaubte Übergänge einen von Null verschiedenen Wert. Liegen mehrere Terme unterhalb des n-ten, die wir vom tiefsten anfangend fortlaufend numerieren (Abb. 56), so wird die Zahl der Übergänge vom n-ten zu allen diesen Termen gegeben durch

$$dN_n(t) = -(A_{1n} + \cdots + A_{mn} + \cdots A_{n-1,n}) N_n(t)\, dt = -A_n \cdot N_n(t)\, dt.$$ (34.3)

Dabei ist $A_n = \sum\limits_{m=1}^{n=1} A_{mn}$ die Wahrscheinlichkeit dafür, daß das Atom überhaupt den n-ten Term unter Emission verläßt. Diese Wahrscheinlichkeit läßt sich messen. Da nämlich bei jedem Übergang von n nach m ein Lichtquant $h\nu_{mn}$ emittiert wird, ist die in alle Raumrichtungen emittierte Energie je Zeiteinheit, d. h. die Strahlungsleistung gegeben durch die *Anzahl* der Übergänge je Zeiteinheit mal $h\nu_{mn}$, d. h. nach (34.2) durch

$$-\frac{dN_n^{(m)}(t)}{dt} \cdot h\nu_{mn} = A_{mn} \cdot N_n(t) \cdot h\nu_{mn}.$$ (34.4)

Die Zahl der vorhandenen angeregten Atome hängt natürlich von *allen* Übergangsmöglichkeiten ab, wird also bestimmt durch die Gl. (34.3), deren Integration

$$N_n(t) = N_n(0) \cdot e^{-A_n t} = N_n(0) \cdot e^{-\sum\limits_m A_{mn} t}$$
$$= N_n(0) \cdot e^{-t/\tau_n}$$ (34.5)

liefert. Der von dem Öffnungswinkel der Spektrographenoptik erfaßte Teil der gesamten Strahlungsleistung ist also gleich

$$S_{mn} = c \cdot N_n(0) \cdot A_{mn}\, e^{-t/\tau_n} \cdot h\nu_{mn},$$ (34.6)

wobei c eine Konstante der abbildenden Optik ist. Die Strahlungsleistung klingt demnach exponentiell ab und ist nach der Abklingzeit

$$\tau_n = \frac{1}{\sum_m A_{mn}} \qquad (34.7)$$

auf den e-ten Teil, d. h. auf etwa 37% abgeklungen. Nach dieser Zeit
hat nach (34.5) der größere Teil einer Anzahl von angeregten Atomen
den angeregten Zustand bereits verlassen. τ_n ist die *mittlere Lebensdauer* des Atoms im n-ten Zustand (s. Aufgabe 30). Da sie nur eine
Funktion des oberen Terms ist, klingen alle von ihm ausgehenden
Linien gleich schnell ab. Man mißt die Lebensdauer τ_n am bequemsten
in Fluoreszenz. Die untersuchte fluores-
zierende Substanz befinde sich z. B. zwischen zwei auf derselben Welle rotierenden Sektorscheiben, deren Schlitze um
meßbare Winkel gegeneinander verdreht
sind. Wird durch die eine Scheibe das
anregende, von der Substanz absorbierte
Licht eingestrahlt, durch die andere
Scheibe das emittierte Fluoreszenzlicht
beobachtet, so erfolgt bei bekannter
Drehzahl und bekannter Winkelverset-
zung der Scheiben gegeneinander die
Beobachtung eine bekannte Zeit nach
dem Aufhören der Belichtung. Variation
dieser Zeit ergibt die Abklingkurve, die
logarithmisch aufgetragen eine Gerade
ergibt. Abb. 58 zeigt als Beispiel das
Abklingen von Übergängen, die nur
unter Durchbrechung einer Auswahlregel erfolgen können. Die mittlere
Lebensdauer ist von der Größenordnung

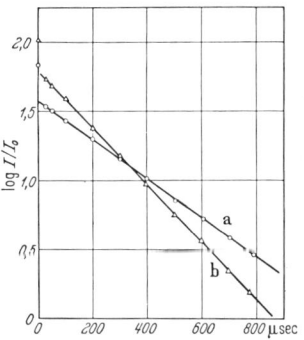

Abb. 58. Abklingkurve der Fluoreszenz von Tb^{3+}-Ionen in kristallinem
$Tb_2(SO_4)_3 \cdot 8\ H_2O$ (O a) und
$TbCl_3 \cdot 6\ H_2O$ ($\triangle$ b) bei 293 K.
$\tau_a = (713 \pm 4)$ μsec
$\tau_b = (483 \pm 3)$ μsec
I = Fluoreszenzintensität, I_0 = Intensi-
tätseinheit

10^{-4} sec. Erfüllen die Übergänge alle Auswahlregeln, so sind die
mittleren Lebensdauern der angeregten Terme wesentlich kleiner, nämlich nur von der Größenordnung 10^{-9} bis 10^{-8} sec. Beispielsweise gilt
für das H-Atom (Index = Hauptquantenzahl)

$$\tau_2 = 0{,}2 \cdot 10^{-8}, \quad \tau_3 = 1 \cdot 10^{-8}, \quad \tau_4 = 3{,}5 \cdot 10^{-8},$$
$$\tau_5 = 9 \cdot 10^{-8}, \quad \tau_6 = 20 \cdot 10^{-8} \text{ sec.}$$

Derartig kurze Abklingzeiten lassen sich mit mechanischen rotierenden
Sektoren und ähnlichen klassischen Verfahren nicht mehr messen; man
steuert die Anregung und zeitabhängige Beobachtung der Fluoreszenz
mit Hilfe der modernen elektronischen Kurzzeittechnik.

35. Absorption und erzwungene Emission

Nachdem wir im vorigen Abschnitt die spontanen Emissionsprozesse eines sich selbst überlassenen Atoms behandelt haben, wenden wir uns jetzt den Strahlungsprozessen zu, die unter dem Einfluß einer über das Atom hinweglaufenden Lichtwelle vorkommen. Betrachten wir zunächst die der Spektrallinie korrespondenzmäßig zugeordnete Elektronenbewegung als Strahlungsquelle, so sind rein klassisch zwei verschiedene Prozesse möglich. Es wird nämlich ganz von der Phasenbeziehung zwischen der Lichtwelle und der Elektronenbewegung abhängen, ob letztere aufgeschaukelt oder abgebremst wird, d. h. ob sie Strahlungsenergie absorbiert oder emittiert. Nach EINSTEIN werden diesen beiden Fällen in der Quantenphysik *Absorptions-* und *erzwungene Emissions*prozesse zugeordnet. Die Häufigkeit, mit der sie in der in Abschnitt 34 angenommenen Lichtquelle vorkommen, ist sicher proportional der Anzahl der den Atomen je Zeiteinheit angebotenen Lichtquanten von der richtigen Energie, d. h. der am Ort des Atoms vorhandenen, durch die Beziehung

(35.1)

$$\frac{\text{Strahlungsenergie } dW\,(\nu_{mn}) \text{ des Frequenzbereichs } d\nu \text{ in } dV}{\text{Volum } dV} = u\,(\nu_{mn})\,d\nu$$

definierten spektralen Energiedichte $u\,(\nu_{mn})$ der Strahlung mit der Frequenz ν_{mn}. Analog zu (34.1) gilt also für die erzwungene Emission die Gleichung

$$dN_n^{(m)}(t) = -B_{mn}\cdot u\,(\nu_{mn})\cdot N_n\,(t)\,dt \qquad (35.2)$$

und für die vom m-ten zum n-ten Zustand gehende Absorption die Gleichung

$$dN_m^{(n)}(t) = -B_{nm}\cdot u\,(\nu_{mn})\cdot N_m\,(t)\,dt\,. \qquad (35.3)$$

Die beiden so definierten B-Wahrscheinlichkeitsfaktoren [1] sind ebenso wie die A_{mn} reine Kenngrößen des Atoms, d. h. von seiner Umwelt unabhängig. Man darf also, um zwischen ihnen bestehende Relationen aufzusuchen, *spezielle* Umweltbedingungen voraussetzen, z. B. daß sich die Atome im Innern eines Hohlraums der Temperatur T und mit der Hohlraumstrahlung im Gleichgewicht befinden. Dann gilt für die spektrale Energiedichte das Plancksche *Strahlungsgesetz* (MAX PLANCK 1900)

$$u\,(\nu_{mn}) = \frac{8\,\pi\,h\,\nu_{mn}^3}{c^3}\cdot\frac{1}{e^{h\nu_{mn}/kT}-1} \qquad (35.4)$$

und das Verhältnis der Anzahl N_n' der Atome, die sich in *einem* Zustand mit der Energie W_n befinden zu der Anzahl N_m' der Atome in

---

[1] Dimension von B_{mn} und B_{nm}: Übergangswahrscheinlichkeit pro Einheit der spektralen Energiedichte, also $\dfrac{\text{m}^3}{\text{Watt sec}^3}$.

einem Zustand der Energie W_m ist nach dem Boltzmannschen Satz gegeben durch (wegen des Gleichgewichts kann die Variable t weggelassen werden):

$$\frac{N_n'}{N_m'} = \frac{e^{-W_n/kT}}{e^{-W_m/kT}}, \tag{35.5}$$

wobei

$$k = (1{,}38062 \pm 0{,}00006) \cdot 10^{-23}\ \mathrm{JK^{-1}} \tag{35.6}$$

die Boltzmannsche Konstante ist.

Da im allgemeinen die Eigenwerte entartet sind, nehmen wir an, zu W_n gehören g_n und zu W_m entsprechend g_m verschiedene Zustände [1]. Die Anzahlen *aller* Atome mit den Energien W_n und W_m verhalten sich also wie

$$\frac{N_n}{N_m} = \frac{g_n \cdot e^{-W_n/kT}}{g_m \cdot e^{-W_m/kT}} = \frac{g_n}{g_m} e^{-h\nu_{mn}/kT} \ . \tag{35.7}$$

Ferner muß im Gleichgewicht die Zahl der in der Zeit dt von n nach m führenden Prozesse eben so groß sein wie die Zahl der von m nach n führenden [2]. Das gibt durch Addition von (34.1) und (35.2) und Gleichsetzen mit (35.3) die Beziehung

$$(A_{mn} + B_{mn}\, u) \cdot N_n = B_{nm}\, u \cdot N_m\,, \tag{35.8}$$

d. h. mit (35.7)

$$\frac{N_n}{N_m} = \frac{B_{nm}\, u}{A_{mn} + B_{mn}\, u} = \frac{g_n}{g_m} \cdot e^{-h\nu_{mn}/kT}$$

und hieraus schließlich für $B_{mn} \neq 0$

$$u(\nu_{mn}) = \frac{\dfrac{A_{mn}}{B_{mn}}}{\dfrac{g_m B_{nm}}{g_n B_{mn}} \cdot e^{h\nu_{mn}/kT} - 1} \ . \tag{35.9}$$

Vergleich mit (35.4) liefert zwischen den drei Wahrscheinlichkeiten die beiden Relationen

$$g_m B_{nm} = g_n B_{mn} \tag{35.10}$$

und

$$A_{mn} = \frac{8\,\pi\, h\, \nu_{mn}^3}{c^3}\, B_{mn} = \frac{8\,\pi\, h\, \nu_{mn}^3}{c^3} \cdot \frac{g_m}{g_n}\, B_{nm}\,, \tag{35.11}$$

die nach dem oben Gesagten nicht nur im thermodynamischen Gleichgewicht, sondern immer erfüllt sind. Die erste besagt, daß nach Aufhebung der Entartung ($g_n = g_m = 1$) die Wahrscheinlichkeiten für Absorption und für erzwungene Emission gleich groß sind. Das ist der

---

[1] g = Entartungsgrad. Z. B. ist beim Fehlen äußerer Felder nach (24.22) $g = 2J + 1$. g heißt auch das statistische Gewicht, mit dem der Eigenwert W belegt werden muß.

[2] Es wird also detailliertes Gleichgewicht nur für Strahlung (ohne Stöße) vorausgesetzt.

quantentheoretische Ausdruck für die anschauliche Tatsache, daß wegen
der Zufälligkeit der am Anfang erwähnten Phasenbeziehung ebensooft
eine Abbremsung wie eine Aufschaukelung der klassischen Elektronenbewegung durch die Lichtwelle stattfindet. Nach der zweiten Beziehung
sind Emissions- und Absorptionswahrscheinlichkeit proportional zueinander. Das ist der atomphysikalische Ausdruck für den Kirchhoffschen
Satz, nach dem Emissions- und Absorptionsvermögen eines makroskopischen Körpers proportional sind. Das Häufigkeitsverhältnis der erzwungenen zu den spontanen Emissionsakten ist nach (34.1), (35.2) und
(35.11) gegeben durch

$$\frac{B_{mn} \cdot u\,(\nu_{mn})}{A_{mn}} = \frac{c^3}{8\,\pi\,h\,\nu_{mn}^3}\,u\,(\nu_{mn}) = \frac{\lambda^3}{8\,\pi\,h} \cdot u\,(\nu_{mn}), \qquad (35.12)$$

Aufgabe 29: Berechne dies Verhältnis sowie das der Absorptionsprozesse
zu den Emissionsprozessen für sichtbares Licht ($\lambda = 5000$ Å) für Gleichgewicht
in Hohlräumen folgender Temperaturen: a) Sonnenoberfläche 6000 K, b) Stern-
inneres $20 \cdot 10^6$ K. Wie groß ist die Absorptionskonstante?

Aufgabe 29a: Wie Aufgabe 29, aber für Mikrowellen der Wellenlänge
$\lambda = 3$ cm in einem Hohlleiter der Güte $Q = 1000$ mit der Bandbreite $\Delta\nu = \nu/Q$
und der Strahlungsleistung $N = 1$ mWatt.

Aufgabe 30: Beweise mathematisch, daß τ_n die mittlere Lebensdauer der
Atome im angeregten Zustand n ist.

36. Elektrische Quadrupol- und magnetische Dipolstrahlung [*]

Wir haben in 33 nur von der elektrischen Dipolstrahlung der
Atome gesprochen und sie auf die Elektronenbewegung als korrespondenzmäßig zugeordnete Lichtquelle zurückgeführt. Wir wollen uns jetzt
die Strahlung einer solchen Elektronenbewegung in einer etwas höheren
Näherung ansehen, und zwar der Einfachheit halber die Bahnbewegung
eines Elektrons, die wir uns gleich in drei lineare Dipolschwingungen
parallel zu drei aufeinander senkrechten Koordinatenachsen zerlegt denken. Wir betrachten eine dieser Schwingungen [1], also eine periodische
Bewegung eines Elektrons zwischen den Grenzen A und B gegen den bei
C ruhenden Kern (Abb. 59). Unter der *elektrischen Dipolstrahlung* dieses Oszillators versteht man nach H. Hertz denjenigen Anteil des in
einem Punkt P beobachteten elektromagnetischen Strahlungsfeldes, den
man beobachten würde, wenn man in erster Näherung die Differenz der
Entfernungen von A und B nach P vernachlässigen, d. h. Dipol ACB
durch den kleineren, senkrecht auf CP stehenden Dipol $A'CB'$ ersetzen
würde [2]. In Wirklichkeit kommt jedoch zu der so definierten Strahlung

---

[*] Noch höhere Multipolstrahlung ist für die Elektronenhülle von Atomen
ohne Bedeutung.

[1] Hinzunehmen der beiden anderen ergibt nichts Neues.

[2] Man zerlegt also das Dipolmoment in eine auf CP senkrechte und eine
zu CP parallele Komponente und läßt diese weg, da sie *für sich allein* nach
P nicht strahlen würde.

in zweiter Näherung noch ein Anteil hinzu, weil die von A und B ausgehenden elektromagnetischen Wirkungen verschieden lange Wege bis P durchlaufen. Diese Strahlung höherer Näherung wird also nur bei zur Achse AB schräger Beobachtung festgestellt. Sie läßt sich von der elektrischen Dipolstrahlung dadurch abtrennen, daß man letztere durch die elektrische Dipolstrahlung weginterferiert denkt, die ein zweites, zusätzliches unter Verdopplung der Kernladung angebrachtes mit entgegengesetzter Phase schwingendes Elektron ausstrahlt. Denn wenn von A und B je ein Elektron gegen den Kern schwingt, so ist das gesamte schwingende Dipolmoment Null, und bei senkrechter Beobachtung heben sich die von den beiden Teildipolen ausgesandten Strahlungsfelder in P auf. Bei schräger Beobachtung jedoch, d. h. bei verschiedenem Abstand der beiden Elektronen vom Aufpunkt P heben sich von ihren elektromagnetischen Feldern bei P nur die oben als elektrische Dipolstrahlung

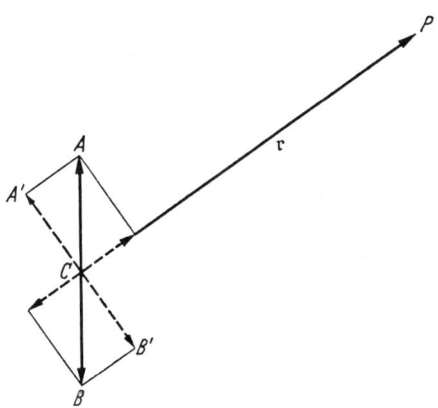

Abb. 59. Zum Begriff der elektrischen Dipolstrahlung eines linearen Oszillators

definierten Anteile auf, und man beobachtet eine schwache Strahlung als Differenz der beiden Strahlungsfelder. Wegen ihrer Veranschaulichung durch zwei gegeneinander schwingende elektrische Dipole, d. h. einen elektrischen Quadrupol, heißt sie elektrische *Quadrupolstrahlung*. Ihre Intensität verschwindet senkrecht und natürlich auch parallel zur Achse und hat ihren größten Wert unter 45° zur Achse des linearen Oszillators ACB. Da die gleiche Ladungsverteilung des Quadrupols bereits wiederhergestellt ist, wenn jedes Elektron nur eine halbe Schwingung ausgeführt hat, ist die Frequenz der Quadrupolstrahlung doppelt so groß wie die Frequenz der Elektronenbewegung. Nach dem Korrespondenzprinzip Gl. (16.4) können also, wenn wir wieder n durch J ersetzen, Übergänge mit $\Delta J = \pm 2$ bei Emission von Quadrupolstrahlung vorkommen. — Die genauere Analyse liefert für Mehrelektronenatome die Regeln

$$\Delta J = \pm 2 \pm 1,0 \,[1]$$
$$\Delta M_J = \pm 2, \pm 1,0,$$

(36.1)

wobei Übergänge mit $\Delta J = \pm 1,0$ nur dann für Quadrupolstrahlung er-

---

[1] Der Übergang 0 ⟷ 0 ist auch hier verboten.

laubt sind, wenn sie durch die *Laporte*-Regel für Dipolstrahlung verboten sind. Für Quadrupolstrahlung sind nämlich nur Übergänge zwischen zwei Termen gleicher Parität erlaubt.

Einen weiteren Strahlungsanteil derselben Näherung erhält man dadurch veranschaulicht, daß man parallel zur Achse $A'B'$ ein schwingendes magnetisches Moment angebracht denkt. Das Strahlungsfeld eines solchen *magnetischen* Dipols ist das Hertzsche Feld des elektrischen Dipols, mit dem einzigen Unterschied, daß der elektrische und der magnetische Feldvektor vertauscht sind *(Magnetische Dipolstrahlung)*. Hier gelten die Auswahlregeln, daß sie nur bei Übergängen mit

$$\Delta J = \pm 1, 0 \; ^1$$

$$\Delta M_J = \begin{cases} 0 \text{ magn. Dipol } \parallel \text{ Feld } (\pi\text{-Komponenten}) \\ \pm 1 \text{ magn. Dipol } \perp \text{ Feld } (\sigma\text{-Komponenten}) \end{cases} \quad (36.2)$$

zwischen zwei Termen gleicher Parität vorkommen kann. Es sind also alle für magnetische Dipolstrahlung erlaubten Übergänge auch für elektrische Quadrupolstrahlung erlaubt, so daß die Strahlung einer Spektrallinie aus diesen beiden Anteilen gemischt sein kann.

Da in beiden Fällen eine Strahlung höherer Näherung vorliegt, ist sie weniger intensiv als die elektrische Dipolstrahlung; tatsächlich sind die Übergangswahrscheinlichkeiten um etwa den Faktor 10^6 bis 10^8 kleiner, so daß Lebensdauern von bis zu ~ 1 sec vorkommen können.

Die drei genannten Strahlungsarten werden experimentell durch Beobachtung der verschiedenen Polarisation und räumlichen Verteilung der Strahlungsleistung der Strahlung unterschieden. Dies setzt gleichartige Orientierung aller Atome zu einer räumlichen Vorzugsrichtung voraus. Man erreicht das im allgemeinen durch ein äußeres Magnetfeld und kann in derselben Weise wie in Abschnitt 33 f für den elektrischen Dipol gezeigt, aus der Polarisation der *Zeeman*-Komponenten unmittelbar Natur und Orientierung des atomaren Strahlers ablesen: Zum Beispiel sind die $(\Delta M_J = 0)$-Komponenten bei Quadrupolstrahlung überhaupt nur schräg zum Feld sichtbar, wir haben also einen Quadrupol mit feldparalleler Achse vor uns. Eine Quadrupollinie ist die berühmte grüne Linie $\lambda = 5577$ Å des Nordlichtleuchtens. Sie kommt dem Übergang $^1S_0 \rightarrow {}^1D_2$ des O-Atoms zu. Beide Terme sind gerade, haben sogar dieselbe Konfiguration, $2 p^4$, außerdem ist $\Delta J = 2$, also der Übergang nur für reine Quadrupolstrahlung erlaubt. Die Linie konnte auch im Laboratorium in einer Ar-O-Gasentladung erzeugt und ihr Quadrupolcharakter durch ihren *Zeeman*-Effekt sichergestellt werden.

Eine Orientierung der Elektronenhülle findet ohne äußeres Feld bereits bei in Kristalle eingebauten Ionen statt.

---

[1] $0 \longleftrightarrow 0$ verboten!

I. Matrixdarstellung von Observablen

37. Zeitabhängige Schrödinger-Gleichung. Matrixelemente

Mit $\psi_m(\mathfrak{r}_i\,\sigma_i)$, $m = 1, 2\ldots$ seien die (zeitunabhängigen) Eigenzustände eines atomaren Systems, etwa eines Atoms mit N Spinelektronen bezeichnet. Dabei stehe $\mathfrak{r}_i$ für die Ortskoordinaten, σ_i für die Spinkoordinaten aller Elektronen $(i = 1, 2, \ldots, N)$. Es gilt also die zeitunabhängige *Schrödinger*-Gleichung (etwa (23.6))

$$H\psi_m(\mathfrak{r}_i,\sigma_i) = W_m\,\psi_m(\mathfrak{r}_i\,\sigma_i) \tag{37.1}$$

mit den Eigenwerten W_m. Führt man jetzt zeitabhängige Zustände

$$\Psi_m(\mathfrak{r}_i\,\sigma_i\,t) = \psi_m(\mathfrak{r}_i,\sigma_i)\,e^{i\omega_m t} \tag{37.2}$$

mit (vgl. (13.4))

$$\omega_m = -\frac{W_m}{\hbar} \tag{37.3}$$

ein, so genügen diese der *zeitabhängigen Schrödinger*-Gleichung

$$H\Psi_m(\mathfrak{r}_i\,\sigma_i\,t) = -\frac{\hbar}{i}\,\frac{\partial}{\partial t}\,\Psi_m(\mathfrak{r}_i\,\sigma_i\,t)\,, \tag{37.4}$$

die, wie man sich durch Einsetzen von (37.2) leicht überzeugt, auf die zeitunabhängige Gl. (37.1) zurückführt. Für späteren Gebrauch merken wir noch an, daß

$$\Psi_m^*\,\Psi_m = \psi_m^*\psi_m\,. \tag{37.5}$$

Mit Hilfe der so definierten Ψ_m führen wir nun die Matrixdarstellung einer beobachtbaren Größe (Observable) ein.

Wir beginnen mit einem elementaren Beispiel, indem wir nach dem Wert des elektrischen Dipolmomentes fragen, das ein Atom, gemittelt über die Elektronenbewegung in einem stationären Zustand ψ_m hat. Wir betrachten der Anschaulichkeit halber ein Einelektronensystem [1] ohne Spin (Abschnitt 20). Dann liefert das Volumelement $dV = dx\,dy\,dz$ bei $(x\,y\,z)$ zu der x-Komponente des Dipolmoments den Beitrag

$$dP_x = \varrho_m(x\,y\,z)\,dV\cdot x\,, \tag{37.6}$$

wobei $\varrho_m(x\,y\,z)$ die mittlere Ladungsdichte am Ort $(x\,y\,z)$, also gleich Elektronenladung mal mittlerer Elektronendichte bei $(x\,y\,z)$, also

$$\varrho_m(x\,y\,z) = -e\,\psi_m^*(x\,y\,z)\,\psi_m(x\,y\,z) \tag{37.7}$$

---

[1] Der Atomkern soll im Koordinatenanfang liegen, deshalb kommt die Kernladung nicht vor.

ist. Summation über den ganzen Raum gibt den Mittelwert [1]

$$(P_x)_{mm} = \int\limits_x \int\limits_y \int\limits_z \psi_m^* \, (-e\,x) \, \psi_m \, dx \, dy \, dz$$

$$= \int\limits_x \int\limits_y \int\limits_z \psi_m^* \, \boldsymbol{P}_x \, \psi_m \, dx \, dy \, dz \qquad (37.8)$$

$$\equiv (\psi_m, \boldsymbol{P}_x \, \psi_m) \equiv \langle m \,|\, P_x \,|\, m \rangle.$$

Dabei ist zunächst der Operator

$$\boldsymbol{P}_x = -e\boldsymbol{x} \qquad (37.9)$$

des Dipolmoments eingeführt, das ein Elektron am Ort $(x\,y\,z)$ nach der klassischen Physik in x-Richtung liefert. Ferner sind die Faktoren unter dem Integral in die für andere, nichtkommutative Operatoren richtige Reihenfolge gebracht. Schließlich sind drei übliche, durch das doppelte Auftreten des Index m charakterisierte Bezeichnungen für den Erwartungswert links und in der letzten Zeile von (37.8) angeschrieben.

Man sieht sofort, daß

$$(\Psi_m, \boldsymbol{P}_x \, \Psi_m) = (\psi_m, \, \boldsymbol{P}_x \, \psi_m) \equiv \langle m \,|\, P_x \,|\, m \rangle. \qquad (37.10)$$

Ganz analog hat man natürlich für die Erwartungswerte von $\boldsymbol{P}_y$ und $\boldsymbol{P}_z$ zu verfahren.

Man nennt die Größen (37.10) die *Diagonalelemente* der Matrix des Operators $\boldsymbol{P}_x$ in der Darstellung der Ψ_m oder, was hier dasselbe ist, der ψ_m [2]. Sie sind zeitlich konstant.

Die vollständige Matrix von $\boldsymbol{P}_x$ erhält man durch zunächst formale Hinzunahme der *Nichtdiagonalelemente*

$$(\Psi_n, \boldsymbol{P}_x \Psi_m) = \int\limits_x \int\limits_y \int\limits_z \Psi_n^*, \boldsymbol{P}_x \, \Psi_m \, dx \, dy \, dz$$

$$= \langle n \,|\, P_x \,|\, m \rangle \cdot e^{-i\,(\omega_n - \omega_m)\,t} \qquad (37.11)$$

zwischen zwei Zuständen Ψ_n und Ψ_m. Dieses Matrixelement stellt ein Dipolmoment dar, das mit der Amplitude $\langle n \,|\, P_x \,|\, m \rangle$ und der Kreisfrequenz

$$\omega_{mn} = \omega_m - \omega_n = \frac{W_n - W_m}{\hbar} = 2\,\pi\,\nu_{mn} \qquad (37.12)$$

$$\omega_{mn} = -\omega_{nm}$$

schwingt. ν_{mn} ist gerade die Bohrsche Frequenz, die auch das bei Übergängen von W_n nach W_m ausgestrahlte Licht hat. Läßt man m und n alle Zustände des Systems durchlaufen, so erhält man die vollständige Matrix des Operators $\boldsymbol{P}_x$.

Geht man zu Systemen mit mehreren (N) Elektronen über und berücksichtigt auch die Spins, so ändert sich nichts, außer daß bei der

---

[1] D. h. den bei einer Messung beobachteten *Erwartungswert* im Zustand Ψ_m.

[2] Die wohlgemerkt nicht Eigenzustände von $\boldsymbol{P}_x$, sondern von $\boldsymbol{H}$ sind.

Definition der Matrixelemente über alle Variable zu summieren, d. h. über $3N$ Ortskoordinaten zu integrieren und über die je 2 Werte $\sigma_i = \pm 1/2$ der N Spinvariablen σ_i zu summieren ist, d. h. es ist

$$(\Psi_n, \boldsymbol{P_x}\, \Psi_m) = \sum_{\sigma_1 = \frac{1}{2}}^{-\frac{1}{2}} \cdots \sum_{\sigma_N = \frac{1}{2}}^{-\frac{1}{2}} \int_{x_1} \cdots \int_{z_N} \Psi_n^*\, (\mathfrak{r}_i\, \sigma_i)\, \boldsymbol{P_x}\, \Psi_m\, (\mathfrak{r}_i\, \sigma_i)\, dx_1 \ldots dz_N$$

(37.13)

mit (Atomkern im Koordinatenursprung!)

$$\boldsymbol{P_x} = -e \sum_{i=1}^{N} x_i, \quad \text{zyklisch in } x, y, z. \tag{37.14}$$

Die hier für $\boldsymbol{P_x}$ gewonnenen Ergebnisse gelten ebenso für beliebige andere Operatoren.

Ist allerdings der Operator ein solcher, zu dem das gewählte Darstellungssystem $\psi_m\,(\mathfrak{r}_i\,\sigma_i)$ das System der Eigenzustände ist, so ist seine Matrix diagonal. In unserem Fall ist das u. a. der Hamiltonoperator $\boldsymbol{H}$. Hier ist wegen (37.2) und (37.1)

$$(\Psi_n, \boldsymbol{H}\Psi_m) = (\psi_n, \boldsymbol{H}\psi_m)\, e^{-i\omega_{nm}t} = W_m\, (\psi_n, \psi_m) e^{-i\omega_{nm}t} \tag{37.15}$$

Nun sind aber die ψ_m orthogonal und normiert, d. h. in formaler Erweiterung von (20.30), (20.31) ist

$$(\psi_n, \psi_m) = \sum_{\sigma_i} \int \cdots \int \psi_n^* \psi_m\, dx_1 \ldots dz_N = \delta_{nm} \tag{37.16}$$

d. h. es ist

$$(\Psi_n, \boldsymbol{H}\Psi_m) = W_m \cdot \delta_{nm}. \tag{37.17}$$

Alle Matrixelemente verschwinden, außer den Diagonalelementen, die gleich den Eigenwerten sind.

38. Strahlungsfelder, Auswahlregeln, Übergangswahrscheinlichkeiten für elektrische Dipolstrahlung

Im vorigen Abschnitt war gezeigt worden, daß die Matrixelemente des elektrischen Dipolmoments zwischen zwei Zuständen m und n gerade mit der Bohrschen Übergangsfrequenz schwingen. Das legt den Gedanken nahe, die Matrixelemente (37.13) mit den in Abschnitt 33a eingeführten Ersatzdipolen zu identifizieren, die den Übergängen zwischen Zuständen ψ_m und ψ_n korrespondenzmäßig entsprechen. Tatsächlich führt dies Verfahren zu Übereinstimmung mit der experimentellen Erfahrung. Das Strahlungsfeld wird klassisch folgendermaßen berechnet:

Wir legen den Ursprung des Koordinatensystems in den Atomkern und denken uns die allgemeine Bewegung der N Elektronen in monochromatische Bewegungen zerlegt, von der wir nur eine mit der Kreisfrequenz $\omega = 2\pi\nu$ betrachten: Es sei also (zyklisch in x, y, z)

$$x_i(t) = x_{i_0}\, e^{-i(\omega t + \varphi_{ix})} + \text{konj.} = x_i\, e^{-i\omega t} + \text{konj.} \quad (i = 1, \ldots N). \tag{38.1}$$

Sind $\mathfrak{x}$, $\mathfrak{y}$, $\mathfrak{z}$ die Einheitsvektoren in den Achsenrichtungen und

$$\mathfrak{x}_{\pm} = \mathfrak{x} \pm i\,\mathfrak{y}, \qquad (38.2)$$

so läßt sich das mit der betrachteten Bewegung verbundene reelle elektrische Dipolmoment schreiben als

$$\vec{P}(t) = (P_x \mathfrak{x} + P_y \mathfrak{y} + P_z \mathfrak{z}) \cdot e^{-i\omega t} + \text{konj.} \qquad (38.3)$$
$$= (1/2\,P_+\,\mathfrak{x}_- + 1/2\,P_-\,\mathfrak{x}_+ + P_z\,\mathfrak{z})\,e^{-i\omega t} + \text{konj.}$$

wobei analog zu (38.2)

$$P_{\pm} = P_x \pm i\,P_y \qquad (38.4)$$

und P_x, P_y, P_z die komplexen Amplituden der Dipolkomponenten

$$P_x = -e\sum_{i=1}^{N} x_{i0}\,e^{-i\varphi_{ix}} = -e\sum_{i=1}^{N} x_i, \quad \text{zyklisch}, \qquad (38.5)$$

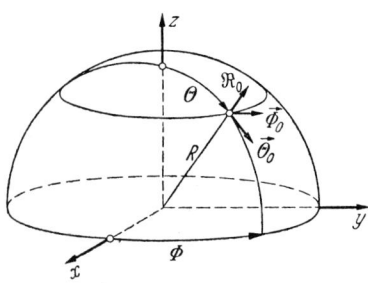

Abb. 60. Zur Beschreibung einer vom Kugelmittelpunkt ausgehenden Lichtwelle

sind. konj. bedeutet das konjugiert Komplexe des voranstehenden Ausdrucks.

Wir betrachten das von diesem Dipol emittierte Strahlungsfeld am Aufpunkt $\mathfrak{R} = (R, \Theta, \Phi)$, u. zw. um die Laufzeit des Lichtes später, d. h. zur Zeit

$$\tau = t + \frac{R}{c}. \qquad (38.6)$$

Mit Hilfe der in Abb. 60 erklärten Einheitsvektoren $\mathfrak{R}_0$, $\vec{\Theta}_0$, $\vec{\Phi}_0$ ist die elektrische Feldstärke nach Richtung und Größe durch die Maxwellsche Theorie klassisch gegeben als

$$\mathfrak{E}(\mathfrak{R}, \tau) = \frac{\omega^2 \mu_0}{4\pi R}\left\{\tfrac{1}{2}P_+\,e^{-i\Phi}\,(\vec{\Theta}_0 \cos\Theta - i\,\vec{\Phi}_0)\right.$$
$$+ \tfrac{1}{2}P_-\,e^{i\Phi}\,(\vec{\Theta}_0 \cos\Theta + i\,\vec{\Phi}_0)$$
$$\left. - P_z\,\vec{\Theta}_0 \sin\Theta\right\}e^{-i\omega\left(\tau - \frac{R}{c}\right)} + \text{konj.} \qquad (38.7)$$
$$= \hat{\mathfrak{E}}_0(\mathfrak{R})\,e^{-i\omega\left(\tau - \frac{R}{c}\right)} + \text{konj.},$$

und die zugehörige magnetische Feldstärke ist

$$\mathfrak{H}(\mathfrak{R}, \tau) = \sqrt{\frac{\varepsilon_0}{\mu_0}}\,\mathfrak{R}_0 \times \mathfrak{E}(\mathfrak{R}, \tau). \qquad (38.8)$$

Wie die Erfahrung zeigt, gilt dieselbe Gleichung auch für das durch sehr viele Übergänge zwischen zwei Niveaus mit den Energien W_m und

W_n im Sinne des Korrespondenzprinzips aufgebaute und mit Wellen-experimenten abgetastete Strahlungsfeld (vgl. Abschnitt 33 a), wenn nur

$$\omega \text{ ersetzt wird durch } \omega_{nm} = \omega_n - \omega_m = \frac{W_m - W_n}{\hbar}$$

$$P_z \text{ ersetzt wird durch } \langle n \,|\, P_z \,|\, m \rangle \qquad (38.9)$$

$$P_\pm \text{ersetzt wird durch } \langle n \,|P_\pm|\, m \rangle$$

Das Strahlungsfeld wird also eindeutig bestimmt durch die Matrix-elemente des elektrischen Dipolmoments. Ist der Übergang durch eine Auswahlregel verboten, so müssen die Matrixelemente den Wert Null haben.

Beispielsweise hat das Wasserstoffatom ohne Spin[1] zwischen zwei Zuständen ψ_{nlm} und $\psi_{n'l'm'}$ mit den Elektronenkoordinaten $(x\,y\,z)$ $= (r\,\vartheta\,\varphi)$ und den Dipolkomponenten

$$\boldsymbol{P_z} = -e\,\boldsymbol{z} = -e\,\boldsymbol{r}\,cos\,\boldsymbol{\vartheta}$$

$$\boldsymbol{P}_\pm = -e\,(\boldsymbol{x} \pm i\,\boldsymbol{y}) = -e\,\boldsymbol{r}\,sin\,\boldsymbol{\vartheta}\,\boldsymbol{e}^{\pm\,i\varphi} \qquad (38.10)$$

die Matrixelemente

$$(38.11)$$

$$\langle n\,l\,m \,|\, P_z \,|\, n'l'm' \rangle = -e \iiint \psi_{nlm}^* \cdot r \cos \vartheta \cdot \psi_{n'l'm'} \; r^2 \, dr \sin \vartheta \, d\vartheta \, d\varphi$$

$$\langle n\,l\,m \,|\, P_\pm \,|\, n'l'm' \rangle = -e \iiint \psi_{nlm}^* \cdot r \sin \vartheta \, e^{\pm i\varphi} \, \psi_{n'l'm'} \; r^2 \, dr \sin \vartheta \, d\vartheta \, d\varphi \,.$$

Dabei ist [vgl. (20.24)]

$$\psi_{nlm}\,(r\,\vartheta\,\varphi) = R_{nl}\,(r) \, \sqrt{\frac{2\,l+1}{4\,\pi} \frac{(l-m)!}{(l+m)!}} \; P_l^m \,(\cos\,\vartheta) \cdot e^{im\varphi}\,. \qquad (38.12)$$

Da die Matrixelemente bestimmte Integrale sind, müssen sie gegenüber Koordinatentransformationen invariant sein. Drehen wir aber z. B. das Koordinatensystem durch einen beliebigen Winkel α um z, so multipli-ziert sich

$$\psi_{nlm}^* \text{ mit } e^{-im\alpha}, \quad \psi_{n'l'm'} \text{ mit } e^{im'\alpha}, \quad P_z \text{ mit } 1, \quad P_\pm \text{ mit } e^{\pm i\alpha}.$$

Wegen der Invarianz muß also sein

$$\langle n\,l\,m \,|\, P_z \,|\, n'l'm' \rangle \equiv e^{-i(m-m')\alpha} \, \langle n\,l\,m \,|\, P_z \,|\, n'l'm' \rangle$$

$$\langle n\,l\,m \,|\, P_+ \,|\, n'l'm' \rangle \equiv e^{-i(m-m'-1)\alpha} \, \langle n\,l\,m \,|\, P_+ \,|\, n'l'm' \rangle \qquad (38.13)$$

$$\langle n\,l\,m \,|\, P_- \,|\, n'l'm' \rangle \equiv e^{-i(m-m'+1)\alpha} \, \langle n\,l\,m \,|\, P_- \,|\, n'l'm' \rangle$$

was sicher erfüllt ist, wenn alle drei Matrixelemente Null sind, d. h. der Übergang total verboten ist. Die erste Zeile ist aber auch erfüllt, wenn rechts der Vorfaktor den Wert 1 hat, d. h. es kann sein

$$\langle n\,l\,m \,|\, P_z \,|\, n'l'm' \rangle \neq 0 \text{ wenn und nur wenn } \Delta m = m - m' = 0\,. \;(38.14)$$

In diesem Fall verschwinden die beiden anderen Matrixelemente, da die Vorfaktoren in den beiden anderen Gleichungen $\neq 1$ sind, Gl. (38.7)

---

[1] Wir benutzen dies Beispiel, weil uns die Eigenzustände ψ_{nlm} explizit bekannt sind, s. Abschn. 20.

reduziert sich also auf das letzte Glied, d. h. das Strahlungsfeld eines parallel z stehenden Dipols mit im Meridian ($\parallel \vec{\Theta}_0$) polarisierter Strahlung (π-Komponente). — Analog erhält man

$$\langle n\, l\, m \mid P_+ \mid n'l'm' \rangle \neq 0 \text{ wenn und nur wenn } \Delta m = m - m' = 1 \quad (38.15)$$
$$\langle n\, l\, m \mid P_- \mid n'l'm' \rangle \neq 0 \text{ wenn und nur wenn } \Delta m = m - m' = -1 .$$

In jedem dieser Fälle sind wieder die beiden anderen Matrixelemente gleich Null und Gl. (38.7) reduziert sich auf das Strahlungsfeld eines in der $x\,y$-Ebene entweder rechts oder links umlaufenden Dipols mit je nach der Strahlrichtung $\mathfrak{R}_0$ elliptisch polarisierter Strahlung (σ-Komponenten). Damit sind die Auswahlregeln für die *magnetische Quantenzahl* abgeleitet.

Andere Auswahlregeln ergeben sich analog. Wir merken nur noch an, daß die *Laportesche Paritätsregel* (Abschnitt 33 e) aus der Invarianz der Matrixelemente gegen die Koordinateninversion folgt. Hierbei multipliziert sich nämlich ψ_{nlm} mit $(-1)^l$ und das Dipolmoment mit (-1), jedes der drei Matrixelemente (38.13) also mit $(-1)^{l+l'+1}$, so daß elektrische Dipolstrahlung überhaupt nur auftreten kann, wenn

$$(-1)^{l+l'+1} = 1$$
$$l + l' = \text{ungerade} \quad (38.16)$$

ist, d. h. zwischen zwei Termen entgegengesetzter Parität.

Aufgabe 31: Berechne mit Hilfe von Gl. (38.7)

a) den zeitlich gemittelten Poyntingvektor $\overline{\mathfrak{S}}\,(\mathfrak{R}) = 2\,\sqrt{\dfrac{\varepsilon_0}{\mu_0}}\,\hat{\mathfrak{E}}_0\,\hat{\mathfrak{E}}_0^* \cdot \mathfrak{R}_0$,

b) die in Richtung $\mathfrak{R}_0$ in den Raumwinkel $d\Omega$ abgestrahlte Leistung

$$d\dot{W}\,(\Theta,\,\Phi) = 8\,\pi\,R^2\,\sqrt{\dfrac{\varepsilon_0}{\mu_0}}\,\vec{\hat{\mathfrak{E}}}_0\,\hat{\mathfrak{E}}\;d\Omega\;,$$

c) die Übergangswahrscheinlichkeit $A_{mn}\,(\Theta\,\Phi)$ für diese Strahlung aus $d\dot{W}\,(\Theta\,\Phi)$,

d) die gesamte Übergangswahrscheinlichkeit

$$A_{mn} = \int A_{mn}\,(\Theta\,\Phi)\;d\Omega\;,$$

u. zw. jeweils für die drei Fälle

$$\langle n \mid P_z \mid m \rangle \neq 0, \quad \langle n \mid P_\pm \mid m \rangle \neq 0 .$$

Diskutiere für alle drei Fälle die Polarisation der Strahlung.

K. Das Periodische System der Elemente

Das Periodische System der Elemente (Tabelle 10) entsteht durch Anordnung der Atome nach wachsender Kernladungszahl Z und ihren chemischen Eigenschaften, so daß chemisch ähnliche Atome unterein-

Tabelle 10. Das Periodische System der Elemente (*Atomgewicht bezogen auf das Kohlenstoffisotop* ^{12}C; *neue Skala*)

	I a	I b	II a	II b	III a	III b	IV a	IV b	V a	V b	VI a	VI b	VII a	VII b	VIII a	VIII b
1	1. H 1.00797															2. He 4.0026
2	3.Li 6.941		4. Be 9.0122			5. B 10.811		6. C 12.01115		7. N 14.0067		8. O 15.9994		9. F 18.9984		10. Ne 20.179
3	11. Na 22.9898		12. Mg 24.305			13. Al 26.9815		14. Si 28.086		15. P 30.9738		16. S 32.064		17. Cl 35.453		18. Ar 39.948
4 (3 d)	19. K 39.098	29 Cu 63.546	20. Ca 40.08	30. Zn 65.38	21. Sc 44.956	31. Ga 69.72	22. Ti 47.90	32. Ge 72.59	23. V 50.942	33. As 74.9216	24. Cr 51.996	34. Se 78.96	25. Mn 54.9381	35. Br 79.909	26. Fe 55.847 27. Co 58.9332 28. Ni 58.71	36. Kr 83.80
5 (4 d)	37. Rb 85.468	47. Ag 107.868	38. Sr 87.62	48. Cd 112.40	39. Y 88.905	49. In 114.82	40. Zr 91.22	50. Sn 118.69	41. Nb 92.906	51. Sb 121.75	42. Mo 95.94	52. Te 127.60	43. Tc	53. J 126.9044	44. Ru 101.07 45. Rh 102.905 46. Pd 106.4	54. Xe 131.30
6 (5 d) ((4 f))	55. Cs 132.905	79. Au 196.967	56. Ba 137.34	80. Hg 200.59	57. La 138.91 [4 f]	81. Tl 204.37	72. Hf 178.49	82. Pb 207.19	73. Ta 180.948	83. Bi 208.980	74. W 183.85	84. Po	75. Re 186.2	85. At	76. Os 190.2 77. Ir 192.2 78. Pt 195.09	86. Rn
7 (6 d) ((5 f))	87. Fr		88.Ra 226,025		89. Ac [5 f]											

[4 f]

58.Ce 140.12	59.Pr 140.907	60.Nd 144.24	61.Pm	62.Sm 150.40	63.Eu 151.96	64.Gd 157.25	65.Tb 158.925	66.Dy 162.50	67.Ho 164.930	68.Er 167.26	69.Tm 168.934	70.Yb 173.04	71.Lu 174.97

[5 f]

90.Th 232.038	91.Pa 231,036	92. U 238.03	93.Np 237,05	94.Pu	95.Am	96.Cm	97.Bk	98.Cf	99.Es	100. Fm	101.Md	102.No	103.Lr

ander stehen. Man erhält so 8 vertikale Gruppen mit Nebengruppen und 7 horizontale Perioden, wobei jeder Platz durch ein infolge seiner chemischen Eigenschaften hierhin gehöriges Atom besetzt ist. Nur an zwei Stellen stimmt die Anordnung nach chemischen Qualitäten nicht mit der nach Z überein: sämtliche 14 Seltenen Erden müssen aus chemischen Gründen auf denselben Platz $Z = 58$ und alle Actiniden auf den Platz $Z = 90$ gesetzt werden. Aufgabe der Atomphysik ist es, die sich im Periodischen System ausdrückende, bei wachsender Elektronenzahl auftretende *chemische Periodizität aus dem elektrischen Aufbau der Atome zu deuten*. Ehe wir diese Aufgabe in Angriff nehmen, soll der Begriff der chemischen Periodizität näher erläutert werden, und zwar an Hand der heteropolaren Wertigkeit.

39. Ionenvalenzen und Schalenbau

Die Chemie braucht, um den Zusammenhalt der Molekeln zu verstehen, Kräfte, die sie *Valenzkräfte* nennt und durch Valenzstriche schematisch darstellt. Die physikalische Natur dieser Kräfte ist lange Zeit hindurch allen Deutungsversuchen zum Trotz dunkel geblieben, und zwar deshalb, weil man einerseits an eine einheitliche, in *allen* Molekeln wirksame Valenzkraft glaubte, andererseits aber das ungeheure Erfahrungsmaterial der Chemie aufgespalten sah in zwei verschiedene Typen der Valenzbetätigung, deren einer am reinsten durch die symmetrischen Elementmolekeln wie H_2, O_2 (*homöopolare* Verbindungen) repräsentiert wird, während zu dem andern die elektrolytisch in Ionen dissozierenden, also notwendigerweise unsymmetrischen Salze wie NaCl, $CaCl_2$, $AlCl_3$ usw. (*heteropolare* Verbindungen) gehören. Wir wissen heute, daß die Valenzkräfte in beiden Fällen tatsächlich dieselben sind, nämlich die elektrostatischen Anziehungs- und Abstoßungskräfte zwischen den Kernen und Elektronen der zur Molekel zusammentretenden Atome, und daß allein der Mechanismus, durch den diese Kräfte nach außen als Valenzkräfte in Erscheinung treten, die beiden Typen unterscheidet. Wir behandeln im folgenden nur die heteropolaren oder *Ionen*valenzen und verschaffen uns zunächst einen Überblick über das experimentelle Material. Näheres: „Einführung in die Physik der Molekeln", Band 146.

Aus der Elektrolyse ist bekannt (siehe Abschnitt 4), daß ein z-wertiges *positives* Ion z Elektronen *weniger*, ein z-wertiges *negatives* Ion z Elektronen *mehr* besitzt als das neutrale Atom. Tragen wir die chemisch beobachteten Ionen auf in der Kosselschen Tafel (Abb. 61), in der als Abszisse die Kernladungszahl Z, als Ordinate die Elektronenzahl aufgetragen ist, die neutralen Atome also auf der 45°-Geraden liegen, so liegen die z-wertigen positiven Ionen z Einheiten unter, die negativen Ionen entsprechend über dieser Geraden. Wie die Tafel zeigt, liegen die tatsächlich vorkommenden Ionen geordnet auf horizontalen Geraden nebeneinander, d.h. sie haben innerhalb einer solchen Schar

dieselbe Elektronenzahl, und zwar, wenn wir von den Fällen des Ni
und des Pd absehen, gerade die Elektronenzahl eines neutralen Edelgases (W. KOSSEL 1916). Bis zu dieser Elektronenzahl werden also die
Elektronenhüllen der Atome bei der Ionenbildung abgebaut oder aufgefüllt. Da die Edelgase chemisch inaktiv sind, nehmen wir die Kon-

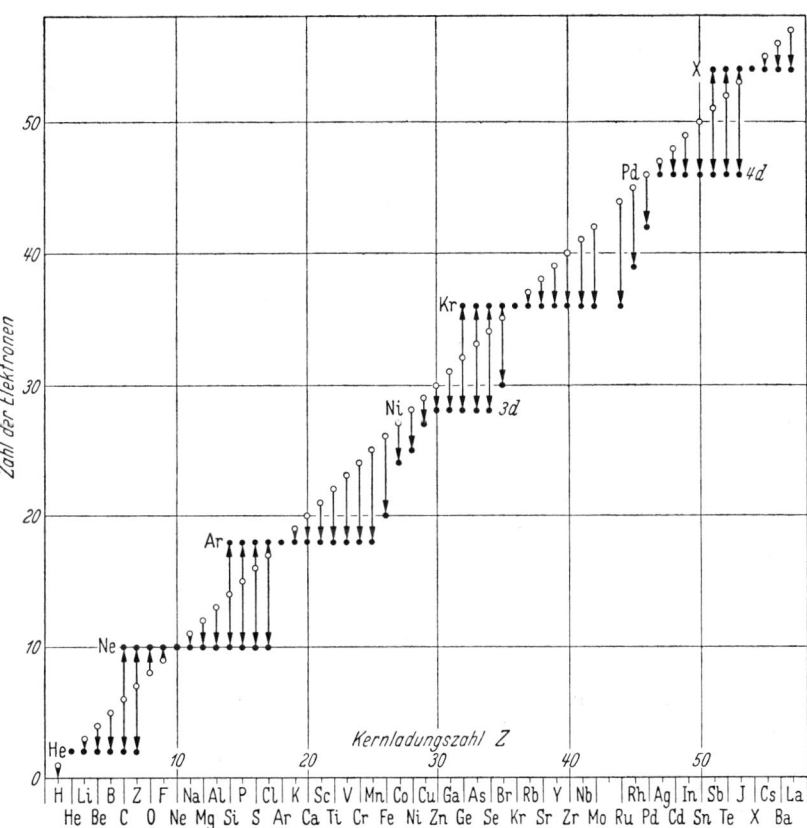

Abb. 61. Elektronenschalen der Ionen, nach KOSSEL

figuration dieser Elektronenzahlen als jeweils besonders stabil an: sind
mehr Elektronen vorhanden, so sind diese nur locker gebunden und
können verhältnismäßig leicht abgerissen werden (Bildung von Kationen), fehlen nur wenige Elektronen an der Edelgaszahl, so kann das
Atom offenbar anderen Atomen diese Elektronen entreißen und seine
Konfiguration bis zur nächsten Edelgaszahl auffüllen. Da hierbei die
Elektronenzahl größer wird als die Kernladungszahl, wird das aus
energetischen Gründen nur für wenige Elektronen möglich sein, außer-

dem wird es von den Reaktionspartnern abhängen, ob bis zur nächsten Edelgaskonfiguration abgebaut oder aufgefüllt wird, so daß manche Atome als Kationen wie als Anionen vorkommen können. Es liegt nahe, diesen ganzen Sachverhalt durch die Vorstellung zu veranschaulichen, daß das Atom wie eine Zwiebel aus *Schalen* aufgebaut ist: in der innersten Schale haben zwei Elektronen Platz ($Z = 2$, He-Konfiguration), in der nächsten 8 ($Z = 2 + 8 = 10$, Ne-Konfiguration), in der nächsten wieder 8 ($Z = 18$, Ar), dann 18 ($Z = 36$, Kr) usw. Die von der Chemie an die Atomphysik gestellte Frage lautet jetzt also: *Warum bilden gerade die angegebenen Elektronenzahlen stabile Schalen?*

Zur Beantwortung dieser Frage müssen wir ein ganz allgemeines, von W. Pauli 1925 entdecktes Prinzip heranziehen, das wir hier nur für unser spezielles Problem anschaulich formulieren wollen [1].

40. Pauli-Prinzip und Schalenbau

Das Atom sei einem stetig wachsenden Magnetfeld ausgesetzt. Dabei verschieben sich die Terme des Atoms ebenfalls stetig [2], wobei jedoch die Bedeutung der scharf definierten Quantenzahlen, wie wir gesehen haben (Abschnitt 29), bei verschieden starken Feldern eine verschiedene ist. Wir denken uns speziell das Magnetfeld so stark werdend, daß es nicht nur $\vec{L}$ und $\vec{S}$ entkoppelt (*Paschen-Back*-Effekt), sondern sogar die einzelnen $\vec{l_i}$ und $\vec{s_i}$, so daß also weder ein L oder S, noch auch einzelne j_i existieren. Vielmehr stellt sich jede Bahn und jeder Spin für sich zum Feld ein, und jedes Elektron ist charakterisiert durch die 4 Quantenzahlen [3]

Hauptquantenzahl $n = 1, 2, \ldots$
Bahnquantenzahl $l = 0, 1, \ldots, n-1$
magnetische Bahnquantenzahl $m_l = 0, \pm 1, \ldots, \pm l$ (40.1)
magnetische Spinquantenzahl $m_s = \pm 1/2$.

Der Zustand des ganzen Atoms ist also eindeutig bestimmt durch die Angabe der Zahlen n_i, l_i, m_{li}, m_{si} für *alle* Elektronen, und zwar gilt das auch für den feldfreien Zustand oder jeden Zustand bei irgendeiner mittleren Feldstärke. Denn wenn wir das Feld stetig wieder auf Null gehen lassen, werden zwar die genannten Quantenzahlen ihren Sinn verlieren, aber der entstehende Zustand geht *eindeutig* aus dem durch diese Quantenzahlen definierten Zustand hervor. Die Tatsache, daß sich

---

[1] Zur mathematisch analytischen Formulierung vergleiche die „Einführung in die Physik der Molekeln", Heidelberger Taschenbücher, Band 146.
[2] Ohne Feld richtungsentartete Terme spalten dabei natürlich auf.
[3] Da die Spinquantenzahl s nur den einen Wert $s = 1/2$ hat, ist es unnötig, auch noch s anzugeben.

bei stetiger Änderung eines Parameters die Zustände eines Atoms stetig und eindeutig verfolgbar verschieben, ist bekannt als *Adiabatensatz* (P. EHRENFEST, 1914). In diesem Sinn benutzen wir allgemein die je vier Quantenzahlen (40.1) der einzelnen Elektronen zur Kennzeichnung des Atomzustands. Das *Pauli*-Prinzip besagt dann: *In der Natur kommen nur solche Zustände des Atoms wirklich vor, in denen je zwei Elektronen sich mindestens in einer der vier Quantenzahlen unterscheiden.* In keinem Zustand des Atoms können also zwei Elektronen in allen vier Quantenzahlen übereinstimmen. Dieses Prinzip läßt sich theoretisch nicht begründen, es ist eine Erfahrungstatsache etwa vom Rang des Energiesatzes.

An Hand des Prinzips läßt sich leicht die Frage beantworten, wieviele Elektronen mit gleicher Hauptquantenzahl n maximal in einem Atom vorkommen können. Nach (40.1) gibt es bei vorgegebenem n genau n verschiedene mögliche Werte von l, bei jedem davon $2l+1$ verschiedene Möglichkeiten für m_l und bei jeder dieser verschiedenen Kombinationen noch wieder die zwei verschiedenen Möglichkeiten für m_s. Das heißt, wir haben insgesamt

$$\sum_{l=0}^{n-1} (2l+1) \cdot 2 = 2\,n^2 \tag{40.2}$$

verschiedene Kombinationen der Quantenzahlen, können also höchstens $2\,n^2$ Elektronen mit gleicher Hauptquantenzahl n im Atom unterbringen. Tabelle 11 gibt die Einzelheiten bis einschließlich $n=3$.

Tabelle 11. *Elektronenschalen des Atoms bis $n=3$, $n\,l\,m_l\,m_s$-Schema*

n	l	m_l	m_s	Elektronenzahl	Konfiguration	Name der Schale
1	0	0	$\pm\,1/2$	2	$1\,s^2$	K-Schale
2	0	0	$\pm\,1/2$	$1\cdot 2$		
	1	1	$\pm\,1/2$			
		0	$\pm\,1/2$	$\}=8$	$2\,s^2 p^6$	L-Schale
		-1	$\pm\,1/2$	$+3\cdot 2$		
3	0	0	$\pm\,1/2$	$1\cdot 2$		
	1	1	$\pm\,1/2$			
		0	$\pm\,1/2$			
		-1	$\pm\,1/2$	$+3\cdot 2$		
	2	2	$\pm\,1/2$	$\}=18$	$3\,s^2 p^6\,d^{10}$	M-Schale
		1	$\pm\,1/2$			
		0	$\pm\,1/2$			
		-1	$\pm\,1/2$			
		-2	$\pm\,1/2$	$+5\cdot 2$		

Da es maximal 2 Elektronen mit $n=1$ und 8 Elektronen mit $n=2$ gibt, und da andererseits auch, wie wir an der Kosselschen Tafel (Abb. 61) gesehen haben, 2 Elektronen in der innersten, 8 Elektronen in der nächsten Elektronenschale sitzen, liegt die Vermutung nahe, daß die 1-Elektronen die erste, die 2-Elektronen die zweite, und allgemein die n-Elektronen die n-te Elektronenschale des Atoms aufbauen. Wir definieren also als *Schale* die Gesamtheit aller Elektronen mit gleicher Hauptquantenzahl n. Wenn die so definierten abgeschlossenen Schalen und *nur* diese besonders stabil wären, müßte das dritte Edelgas hinter He und Ne sich nach (40.2) bei $Z = 2 + 8 + 18 = 28$, das vierte bei $Z = 2 + 8 + 18 + 32 = 60$ ergeben. Das ist aber nicht der Fall, denn $Z = 28$ ist Ni und $Z = 60$ ist Nd; beide Atome sind chemisch sehr aktiv. Unsere Vorstellung, die bis zum Ne stimmt, bedarf also bei höheren Elektronenzahlen noch der Verfeinerung, wozu sich ein erster Schritt auf folgende Weise ergibt: Da nur m_l und m_s scharf definierte Drehimpulsquantenzahlen sind, d. h. nur der Drehimpuls parallel zur z-Achse im zeitlichen Mittel von Null verschieden ist, erhält man den Gesamtdrehimpuls des Atoms durch einfache algebraische Addition der m_l- und m_s-Werte. Für eine abgeschlossene Schale verschwindet diese Summe (siehe Tabelle 11), d. h. abgeschlossene Schalen haben keinen Drehimpuls und folglich auch kein magnetisches Moment. Dies gilt für Bahn und Spin getrennt ($^1S_0$-Zustände). Abgeschlossene Schalen wirken also nach außen völlig kugelsymmetrisch. Diese Kugelsymmetrie läßt das Fehlen einer chemischen Angriffsmöglichkeit verständlich erscheinen [1].

Offenbar gilt dasselbe aber (siehe Tabelle 11) auch bereits für jene Elektronen, die gleiches n *und* gleiches l haben (*äquivalente Elektronen*). Fassen wir diese zu *Unterschalen* zusammen, so daß also z. B. die M-Schale aus der $3s^2$-, der $3p^6$- und der $3d^{10}$-Unterschale besteht, so ist auch jede Unterschale kugelsymmetrisch und demnach chemisch inaktiv. Sind nur die beiden ersten aufgefüllt, so ergibt sich tatsächlich die Konfiguration $1s^2 2s^2 p^6 3s^2 p^6$ des Argons. Ebenso bestehen auch die Elektronenhüllen von Krypton und Xenon wirklich aus abgeschlossenen Unterschalen, siehe Tabelle 13. Eine Konfiguration ist um so stabiler, je mehr Unterschalen der äußersten Schale abgeschlossen sind, also $3s^2 p^6$ (Argon) stabiler als $3s^2$ (Magnesium), bei dem diese ganze Unterschale abgebaut werden kann (Mg^{++}) [2].

An der Entstehung der *optischen Spektren* sind nur die äußerste teilweise oder ganz besetzte Schale sowie die darüber liegenden, nur durch angeregte Elektronen während der Lebensdauer der angeregten Zustände teilweise besetzten höheren Schalen beteiligt, in seltenen Fällen auch eine nicht abgeschlossene innere Schale (Salze der Seltenen Erden),

---

[1] Wegen der Neutralität des Atoms und weil wegen der völligen Kugelsymmetrie auch kein elektrisches Dipol-, Quadrupol- oder irgendein Multipolmoment höherer Ordnung existiert, verschwinden in einigem Abstand die elektrischen Kräfte bis auf die van der Waalsschen Kräfte, die bei sehr enger Packung — Verflüssigung — wirksam sind.

[2] Neuerdings sind sogar stabile chemische Verbindungen von Edelgasen durch Aufbrechen ganzer Unterschalen hergestellt worden.

nie eine abgeschlossene innere Schale. (Vgl. die ganz anderen Verhältnisse bei den Röntgenspektren!)

Wird aus einer abgeschlossenen Unterschale ein Elektron fortgenommen, oder, was äquivalent ist, ein Positron hinzugefügt, so hat der Drehimpuls des Restes offenbar denselben Betrag (und die entgegengesetzte Richtung) wie der Drehimpuls des einen entfernten Elektrons (addierten Positrons), d. h. denselben Term $^{2S+1}L_J$, den auch das entfernte Elektron allein in der Schale hätte. Dasselbe gilt offenbar auch bei Entnahme von mehreren Elektronen, d. h. es gilt der Satz: Eine Unter-

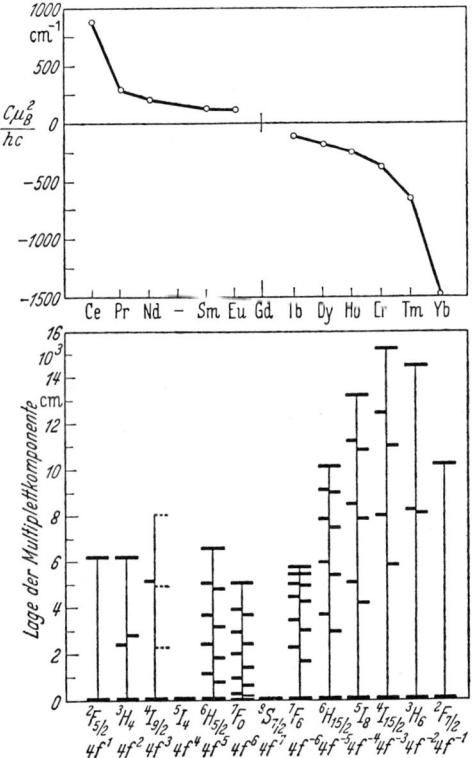

Abb. 62. Grundtermmultipletts (links beobachtet, rechts nach der Intervallregel aus der Gesamtaufspaltung) und zugehörige Aufspaltungskonstanten der dreiwertigen Kationen der Seltenen Erden

schale mit z Lücken hat dieselben Terme ($\equiv$ „Lochzustände") wie die Unterschale mit z vorhandenen Elektronen (genauer: Positronen). Man schreibt, um diesen Sachverhalt anzudeuten, gelegentlich auch Elektronenkonfigurationen mit negativen Elektronenzahlen, also z. B. $3p^{-1}$ statt $3p^5$. Der einzige Unterschied zwischen dem Anfang (z Elektronen) und dem Ende (z Lücken $= z$ Positronen) einer Unterschale ist die Lage der Multiplettkomponenten, die am Anfang regelrecht, am Ende verkehrt ist. Man sieht das leicht ein, wie folgt: Ist die Unterschale nur mit einem Elektron besetzt, so befindet sich das Elektron (vgl. Abschnitt 23) in dem Magnetfeld, das durch den Umlauf des *positiven* Kerns erzeugt wird, d. h. das auf den Spin des Elektrons wirkende Magnetfeld der Bahnbewegung steht *parallel* zum Drehimpuls der Bahn, während das magnetische Moment des Elektrons dem Spin antiparallel gerichtet ist. Die energetisch tiefere der beiden Spineinstellungen $j = l \pm {}^1/_2$ ist diejenige, bei der die beiden magnetischen Momente parallel, d. h. Spin und Bahn antiparallel stehen. Die Komponente mit dem kleineren $j = l - {}^1/_2$ ist also die tiefere, das Multiplett ($=$Dublett) ist regelrecht. Ist die Unterschale umgekehrt bis auf eine Lücke voll, d. h. nur mit einem Positron besetzt, dessen magnetisches Moment seinem Spin parallel gerichtet ist, so stehen mit den magnetischen Momenten von Spin und Bahn auch die Drehimpulse parallel, d. h. die Komponente mit $j = l + {}^1/_2$ ist die energetisch tiefere, das Multiplett ist verkehrt. Die Konstante C in (26.4) ist also am Anfang des Schalenausbaus positiv, am Ende negativ. In der Mitte geht sie durch Null, d. h. hier ist die Multiplettaufspaltung sehr klein. Abb. 62 zeigt dieses Verhalten an den Grundtermmultipletts der dreiwertigen Kationen der Seltenen Erden, d. h. an der 4f-Unterschale.

Übrigens hat das *Pauli*-Prinzip bei mehreren äquivalenten Elektronen, die schon dasselbe n und l haben und sich nur noch in m_l und m_s unterscheiden können, die Konsequenz, daß keineswegs alle nach den Regeln der Vektorzusammensetzung möglichen Zustände auch wirklich vorkommen. Zum Beispiel zeigt Tabelle 12 für zwei äquivalente p-Elektronen ($n_1 = n_2$, $l_1 = l_2 = 1$) die nach dem *Pauli*-Prinzip erlaubten m_{li}- und m_{si}-Werte, sowie deren Zusammensetzung zu M_L und M_S. Faßt man von diesen solche zusammen, die durch den *Paschen-Back*-Effekt eines *Russell-Saunders*-Terms entstehen können, so ergeben sich nur die Terme $L = 2$ ($M_L = \pm 2, \pm 1, 0$) mit $M_S = S = 0$, also ^1D und $L = 1$ ($M_L = \pm 1, 0$) mit $S = 1$ ($M_S = \pm 1, 0$), d. h. ^3P sowie schließlich $L = M_L = 0$

Tabelle 12. *Russell-Saunders-Terme zweier äquivalenter p-Elektronen*

$l_1\ l_2$	m_{l_1}	m_{l_2}	m_{s_1}	m_{s_2}	M_L	M_S			Terme
1 1	$+1$	$+1$	$+{}^1/_2$	$-{}^1/_2$	2		0		
		0	$\pm{}^1/_2$	$\pm{}^1/_2$	$+1$	$1, 0, -1$	0		
		-1	$\pm{}^1/_2$	$\pm{}^1/_2$	0	$1, 0, -1$	0		
	0	0	$+{}^1/_2$	$-{}^1/_2$	0			0	$\Big\}\ ^3P, {}^1D, {}^1S$
		-1	$\pm{}^1/_2$	$\pm{}^1/_2$	-1	$1, 0, -1$	0		
	-1	-1	$+{}^1/_2$	$-{}^1/_2$	-2		0		
						^3P	^1D	^1S	

Beachte: Wegen der Nichtunterscheidbarkeit der Elektronen dürfen Konfigurationen, die einfach durch Vertauschung der Elektronenindizes ineinander übergehen, nur einmal gezählt werden.

mit $S = M_S = 0$, also $^1S_0$. Nach den Regeln der Vektorzusammensetzung würden sich aber ergeben $L = 2$, $1,0$ mit $S = 1,0$, also ^3D, ^3P, ^3S, ^1D, ^1P, ^1S, die bei zwei nicht äquivalenten p-Elektronen ($n_1 \neq n_2$!) auch wirklich alle vorkommen.

Es bleibt jetzt nur noch übrig zu erklären, warum nicht alle Atome mit der zum Aufbau von abgeschlossenen Schalen oder Unterschalen nötigen Elektronenzahl, wie z. B. Ni und Nd, auch wirklich im Grundzustand solche Schalen bilden, d. h. edelgasartig inaktiv sind.

Aufgabe 32: Bestimme nach dem *Pauli*-Prinzip die erlaubten *Russell-Saunders*-Terme von 3 äquivalenten p-Elektronen und vergleiche sie mit den aus der Vektorzusammensetzung bestimmten.

Aufgabe 33: Denkt man sich wohl die Wechselwirkung der Elektronen untereinander gegen Null gehend, aber die Spin-Bahn-Wechselwirkung bestehen bleibend, so entsteht ein durch die Quantenzahlen n_i, $l_i = 0,\ldots,$ n_i-1, $j_i = l_i \pm 1/2$, $m_{ji} = \pm j_i,\ldots,\pm 1/2$ beschriebener Zustand. Diese Quantenzahlen können wir wegen der Stetigkeit des gedachten Prozesses ebenso wie die Quantenzahlen (40.1) zur Formulierung des *Pauli*-Prinzips benutzen. Zeige durch eine zur Tabelle 11 analoge Tafel, daß sich mit diesen Quantenzahlen ebenfalls der richtige Schalenaufbau ergibt.

41. Bohrsches Aufbauprinzip und Schalenbau

Die Antwort auf die am Schluß des vorigen Abschnitts formulierte Frage ist quantitativ: Es gibt mit derselben Elektronenzahl andere Konfigurationen, die energetisch tiefer liegen als die abgeschlossenen. Um das zu übersehen, bauen wir das Periodische System folgendermaßen schrittweise auf: Ausgehend vom Wasserstoff fügen wir unter gleichzeitiger Erhöhung der Kernladungszahl um eine Einheit ein Elektron nach dem andern hinzu, wobei wir annehmen, daß dieses Elektron unter Berücksichtigung des *Pauli*-Prinzips in demjenigen der möglichen Zustände angebaut wird, der dem Atom die tiefste Energie gibt *(Bohrsches Aufbauprinzip)*. Dabei benutzt BOHR im Rahmen seiner anschaulichen Theorie als Leitfaden die Vorstellung, daß die Energie des Elektrons mit der Hauptquantenzahl n (mit der großen Achse der Bahnellipse) und bei festem n mit l (wachsender Annäherung an die Kreisbahn) wächst, da sich dann im Mittel das Elektron auf seiner Bahn in größerem Kernabstand aufhält. Die tiefsten Quantenzahlen sollen also die günstigsten sein. Wie man durch Vergleich mit den spektroskopisch bestimmten Elektronenkonfigurationen der Grundzustände sieht (Tabelle 13), führt diese rohe Abschätzung bis zum Argon zum Erfolg. Beim K kommt zum ersten Mal eine energetische Konkurrenz zweier Zustände zum Wirken: an sich könnte das Valenzelektron noch in die M-Schale als $3d$-Elektron eingebaut werden, doch liegt offenbar der $4s$-Zustand energetisch doch etwas tiefer [1]. Das gilt auch noch für das nächste beim Ca hinzu-

---

[1] Im Bohrschen Bild: eine sehr schlanke große Ellipse mit großer Kernnähe im Perihel hat trotz $n=4$ eine etwas tiefere Energie als die kleinere Kreisbahn mit $n=3$.

Tabelle 13. *Besetzung der Elektronenschalen* [1]

		$1s$												$4s$	$4p$	$4d$	$4f$	$5s$	$5p$	$5d$	$6s$
1	H	1							46	Pd	2	6	10					
*2	He	2							47	Ag	2	6	10		1			
									48	Cd	2	6	10		2			
		$2s$	$2p$						49	In	2	6	10		2	1		
3	Li	1							50	Sn	2	6	10		2	2		
4	Be	2							51	Sb	2	6	10		2	3		
5	B	2	1						52	Te	2	6	10		2	4		
6	C	2	2						53	J	2	6	10		2	5		
7	N	2	3						*54	Xe	2	6	10		2	6		
8	O	2	4						55	Cs	2	6	10		2	6		1
9	F	2	5						56	Ba	2	6	10		2	6		2
*10	Ne	2	6						57	La	2	6	10		2	6	1	2
									58	Ce	2	6	10	1	2	6	(1)	(2)
		$3s$	$3p$	$3d$	$4s$				59	Pr	2	6	10	2	2	6	(1)	(2)
11	Na	1							60	Nd	2	6	10	4	2	6		(2)
12	Mg	2							61	Pm	2	6	10	5	2	6		(2)
13	Al	2	1						62	Sm	2	6	10	6	2	6		(2)
14	Si	2	2						63	Eu	2	6	10	7	2	6		(2)
15	P	2	3						64	Gd	2	6	10	7	2	6	(1)	(2)
16	S	2	4						65	Tb	2	6	10	9	2	6		2
17	Cl	2	5						66	Dy	2	6	10	9	2	6	(1)	(2)
*18	Ar	2	6						67	Ho	2	6	10	10	2	6	(1)	(2)
19	K	2	6		1				68	Er	2	6	10	11	2	6	(1)	(2)
20	Ca	2	6		2				69	Tm	2	6	10	13	2	6		(2)
21	Sc	2	6	1	2				70	Yb	2	6	10	14	2	6		(2)
22	Ti	2	6	2	2				71	Lu	2	6	10	14	2	6	(1)	(2)
23	V	2	6	3	2													
24	Cr	2	6	5	1						$5s$	$5p$	$5d$	$5f$	$6s$	$6p$	$6d$	$7s$
25	Mn	2	6	5	2				72	Hf	2	6	2		2			
26	Fe	2	6	6	2				73	Ta	2	6	3		2			
27	Co	2	6	7	2				74	W	2	6	4		2			
28	Ni	2	6	8	2				75	Re	2	6	5		2			
29	Cu	2	6	10	1				76	Os	2	6	6		2			
									77	Ir	2	6	7		2			
		$4s$	$4p$	$4d$	$5s$				78	Pt	2	6	9		(1)			
30	Zn	2							79	Au	2	6	10		1			
31	Ga	2	1						80	Hg	2	6	10		2			
32	Ge	2	2						81	Tl	2	6	10		2	1		
33	As	2	3						82	Pb	2	6	10		2	2		
34	Se	2	4						83	Bi	2	6	10		2	3		
35	Br	2	5						84	Po	2	6	10		2	4		
*36	Kr	2	6						85	At	2	6	10		2	5		
37	Rb	2	6		1				*86	Rn	2	6	10		2	6		
38	Sr	2	6		2				87	Fr	2	6	10		2	6		1
39	Y	2	6	1	2				88	Ra	2	6	10		2	6		2
40	Zr	2	6	2	2				89	Ac	2	6	10		2	6	1	(2)
41	Nb	2	6	4	1				90	Th	2	6	10		2	6	(2)	(2)
42	Mo	2	6	5	1				91	Pa	2	6	10	2	2	6	(1)	(2)
43	Tc	2	6	5	2				92	U	2	6	10	3	2	6	(1)	2
44	Ru	2	6	7	1				93	Np	2	6	10	4	2	6	(1)	(2)
45	Rh	2	6	8	1				94	Pu	2	6	10	5	2	6	(1)	(2)

Tabelle 13. (Fortsetzung) [1]

	5s	5p	5d	5f	6s	6p	6d	7s			5s	5p	5d	5f	6s	6p	6d	7s
95 Am	2	6	10	7	2	6		2	100 Fm		2	6	10	(11)	2	6	1	(2)
96 Cm	2	6	10	7	2	6	(1)	(2)	101 Mv		2	6	10	(12)	2	6	1	(2)
97 Bk	2	6	10	(8)	2	6	1	(2)	102 No		2	6	10	(13)	2	6	1	(2)
98 Cf	2	6	10	(9)	2	6	1	(2)	103 Lw		2	6	10	(14)	2	6	1	(2)
99 Es	2	6	10	(10)	2	6	1	(2)										

[1] Konfigurationen der Grundzustände. Abgeschlossene innere Schalen sind fortgelassen. * Edelgase, ( ) unsicher.

kommende Elektron, das die $4s^2$-Unterschale auffüllt. Wieder das nächste Elektron geht dann jedoch in die $3d$-Schale, die bis zum Cu wirklich voll aufgefüllt ist, wobei beim Cr und Cu jeweils eines der beiden $4s$-Elektronen wieder in die $3d$-Schale hinüberwechselt. Die Tatsache, daß bei den sogenannten *Übergangselementen* Sc bis Ni eine innere Schale nicht voll aufgefüllt ist, verleiht diesen Elementen ihre

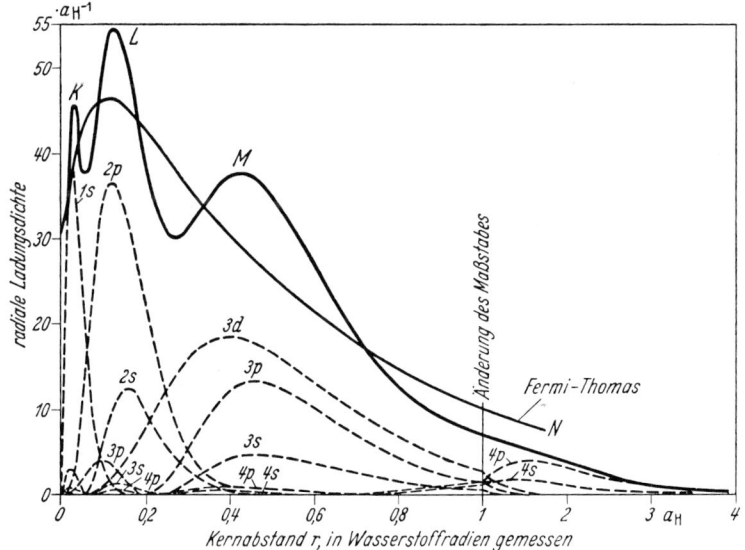

Abb. 63. Radiale Elektronendichte $\sum_i R^2_{nl}(ri)\, r_i^2$ des Rb+ nach HARTREE, mit Aufgliederung nach Schalen und Unterschalen. (Die nach der roheren Methode von FERMI-THOMAS berechnete Verteilung gibt den Schalenaufbau nicht wieder.)

Eigenart, z. B. die Farbe und den Paramagnetismus ihrer Ionen. Dasselbe Spiel wiederholt sich bei der $4d$- und später bei der $5d$-Schale. In der $4d$-Reihe nimmt das Pd insofern eine Sonderstellung ein, als es tatsächlich eine voll abgeschlossene Unterschalenkonfiguration hat, ohne jedoch ein Edelgas zu sein. Der Grund für dies Verhalten ergibt sich leicht aus dem Vergleich mit den voranstehenden Atomen. Das hier noch vorhandene 5s-Elektron ist erst beim Pd zusätzlich in die 4d-Schale abgewandert, d. h. umgekehrt, es ist nur eine sehr geringe Arbeit erforderlich, um es in die 5s-Schale zurückzubringen. Diese Arbeit kann schon durch einen sich nähernden Reaktionspartner geleistet werden,

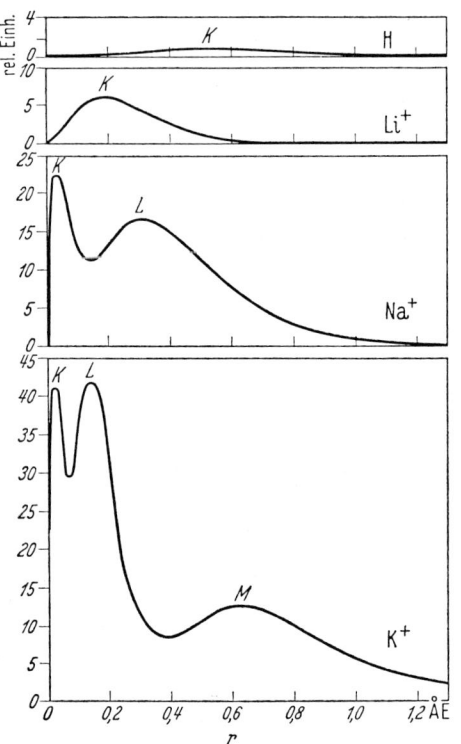

wodurch die Schale aufgebrochen und reaktionsfähig wird. Das auffälligste Beispiel für eine nicht abgeschlossene innere Schale ist die 4f-Schale, die vom Ag an leer bleibt und erst beim Ce mit einem Elektron besetzt wird, nachdem schon vorher 11 Elektronen in höheren Schalen angebaut sind. Die besser als die Atome bekannten dreiwertigen Kationen der Seltenen Erden verlieren drei von diesen 11 Elektronen, so daß die abgeschlossene Konfiguration $5\,s^2\,p^6$ über der 4f-Schale liegt [1] und die 4f-Elektronen sich tief im Innern der Elektronenhülle bewegen. Daher rührt die Tatsache, daß sich diese Ionen selbst in festen Salzen in vieler Hinsicht, z. B. Schärfe der Spektrallinien, so verhalten wie freie Atome.

Abb. 64. Radiale Elektronendichteverteilung von H, Li⁺, Na⁺, K⁺. Nach Hartree. Relative Einheiten

Abb. 63 und Abb. 64 zeigen die nach sehr mühsamen Näherungsverfahren von Hartree wellenmechanisch berechnete *Elektronenverteilung* einiger abgeschlossener Konfigurationen als Funktion des Kernabstandes. Man erkennt deutlich die einzelnen Schalen sowie die Tatsache, daß sie bei wachsender Kernladung näher an den Kern herangezogen werden. Man beachte besonders, daß die Schalen und Unterschalen sich überlappen,

---

[1] Daher die große chemische Ähnlichkeit der Seltenen Erden und die Schwierigkeit sie zu trennen. Die Chemie spielt sich an der Atomoberfläche ab, die Seltenen Erden unterscheiden sich aber nur im Innenbau.

daß ihnen also ebenso wie dem Atomradius eine *scharfe* geometrische Bedeutung nicht zukommt.

Ein sehr deutliches Abbild der mit dem Schalenbau der Elektronenhülle verbundenen Energieverhältnisse liefert der Gang der *ersten Ionisierungsarbeit*, d. h. der zum Abreißen eines Elektrons vom neutralen Atom nötigen Arbeit mit der Ordnungszahl Z (Abb. 65). Sie ist am kleinsten für die Alkalien, deren Valenzelektronen besonders locker gebunden sind, hat einen extrem tiefen Wert aber auch bei anderen

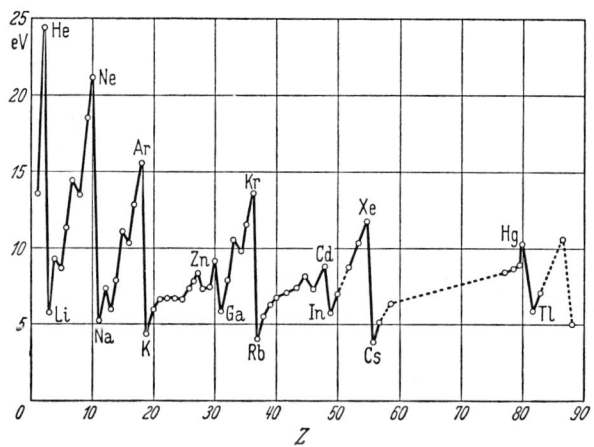

Abb. 65. Ionisierungsarbeit der Atome als Funktion von Z

Atomen mit nur einem Elektron in der äußersten Schale, wie Ga, In, Tl. Die höchsten Werte sind die der Edelgase. Eine abgeschlossene Schale oder Unterschale aufzubrechen erfordert also eine besonders hohe Arbeit: Das gilt selbst noch für die s^2-Unterschale der Atome Zn, Cd, Hg, die hohe Ionisierungsarbeiten haben, obwohl, wie die Zweiwertigkeit dieser Elemente zeigt, diese Unterschale als Ganzes bei chemischen Reaktionen abgegeben werden kann.

L. Das Röntgenspektrum

Wir haben bisher zur Erforschung der Elektronenhülle des Atoms zwei Sonden benutzt: zunächst Korpuskularstrahlen, die tief in das Atom eindringen und Aufschluß über die Weiträumigkeit des Atomaufbaus geben, und dann die optischen Spektren, die die Energieverhältnisse an der Atomoberfläche abbilden. Diese Kenntnisse wurden unterstützt durch die Diskussion der chemischen Vorgänge, die sich ebenfalls an der Atomoberfläche abspielen. Doch haben wir hier bereits durch Vergleich von verschiedenen Atomen auf den Schalenaufbau der Elektronenhülle schließen können. Wir erweitern jetzt die Kenntnis der

inneren Schalen dadurch, daß wir die Röntgenspektren der Atome
diskutieren, die uns, genau so wie die optischen Spektren für die äußersten Elektronen, die Bindungsenergien (Ionisationsarbeiten) der inneren
Elektronen liefern.

Wir stellen zunächst das experimentelle Material in dem für unsere
Zwecke benötigten Umfang zusammen, wobei wir die Technik der Er-
zeugung und Messung von Röntgenstrahlung als bekannt voraussetzen.

42. Das Emissionsspektrum

Die entscheidenden Tatsachen treten hervor, wenn man das Spektrum der Röhre als Funktion der Betriebsspannung U, d. h. der Energie

$$\frac{1}{2} m_{e_0} v^2 = eU \qquad (42.1)$$

betrachtet, mit der die Elektronen in die Antikathode eintreten. Bei
kleinen Spannungen tritt nur ein kontinuierliches Spektrum auf, dessen
Frequenzen unterhalb einer sich mit der Spannung U verschiebenden
maximalen Grenzfrequenz ν_G (kurzwellige Grenze des kontinuierlichen
Spektrums) liegen:

$$h\nu < h\nu_G = eU . \qquad (42.2)$$

Nach dieser Gleichung ist die Grenzfrequenz durch einen Prozeß charakterisiert, bei dem die ganze Energie eU des Elektrons in *einem* spontanen Akt in ein Lichtquant $h\nu_G$ verwandelt wird. Die kleineren
Frequenzen des Spektrums beweisen demgemäß die Existenz von Prozessen, bei denen jeweils nur ein Teil der Elektronenenergie als Lichtquant emittiert wird. Die spektrale Energieverteilung im Spektrum
einer massiven Antikathode zeigt Abb. 66 a, b. Wie man sieht, ist die
Emission der Grenzfrequenz beliebig unwahrscheinlich (vgl. Abb. 33).
Die Grenzfrequenz ist nur durch eine Extrapolation zu messen. Dagegen kommen alle Frequenzen $\nu < \nu_G$ mit endlicher Strahlungsleistung
vor. Die starke Erwärmung der Antikathode zeigt, daß ein großer Teil
der Elektronenenergie durch strahlungslose Prozesse in Wärme umgewandelt wird. Tatsächlich ist der in Form von Röntgenlicht emittierte
Prozentsatz der Röhrenbetriebsleistung nur von der Größenordnung
$1^0/_{00}$ bis $1^0/_0$.

Die den Emissionsprozessen im Sinn des Korrespondenzprinzips
korrespondierende klassische Lichtquelle ist darin zu sehen, daß die
Elektronen im Innern der Antikathode im Coulombfeld der (im allgemeinen sehr hoch geladenen) Atomkerne aus ihrer Bahn abgelenkt
werden, d. h. daß ihre Geschwindigkeit geändert wird. Nach der klassischen Elektrodynamik wird hierbei Strahlung emittiert. Da die ab-

gestrahlte Energie aus der kinetischen Energie des Elektrons genommen, das Elektron also gebremst wird, heißt die kontinuierliche Strahlung *Bremsstrahlung.* Sie hängt naturgemäß von der Kernladungszahl Z der Antikathodenatome, nicht aber von deren speziellem elektronischem Aufbau ab. Tatsächlich ist die Gestalt der Kurve in Abb. 66 für alle Antikathodensubstanzen dieselbe. Die Bremsstrahlung ist also für die Erforschung der Elektronenhülle ohne Interesse.

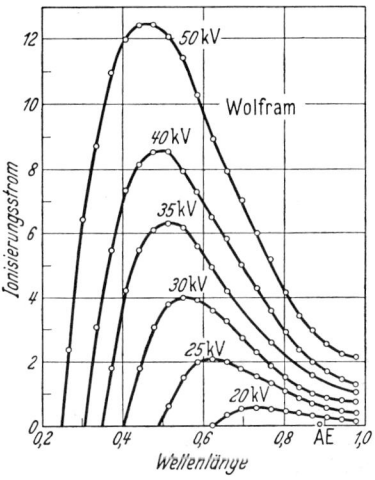

Erreicht die Röhrenspannung einen bestimmten Schwellenwert, so treten im Spektrum plötzlich diskrete Linien großer Strahlungsleistung auf, die eindeutig durch die Atome der Antikathode bestimmt sind. Man spricht deshalb vom *charakteristischen* Spektrum dieser Atome.

Es besteht aus Liniengruppen, die einen ziemlich weiten spektralen Abstand voneinander

Abb. 66 a. Reines Bremsspektrum bei kleiner Elektronenenergie. Massive Wolfram-Antikathode. Nachweis: Ionisationskammer

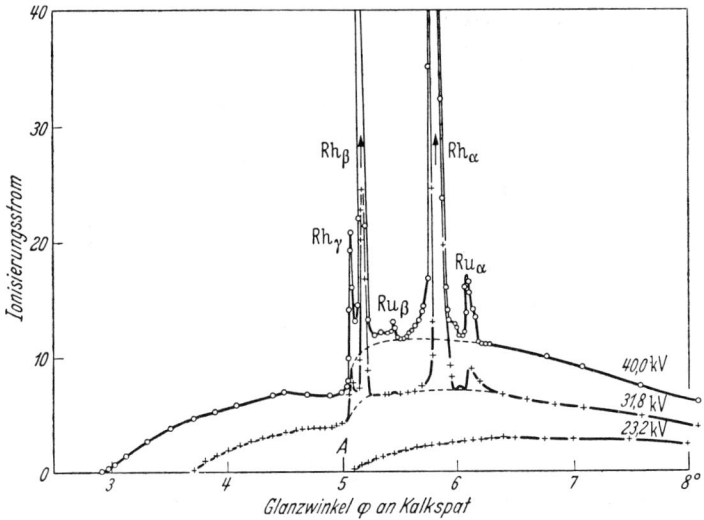

Abb. 66 b. Charakteristisches und Bremsspektrum. Mit Ru verunreinigte Rh-Antikathode. Statt der Wellenlänge ist der Glanzwinkel des Kalkspatspektrometers aufgetragen. Der in der Einsattelung links von den Emissionslinien fehlende Teil der Bremsstrahung ist zur Anregung der Emissionslinien noch in der Antikathode reabsorbiert worden. Aus Hdb. der Physik

haben. Die kurzwelligste heißt *K*-Serie, die nächsten heißen
L, M, N, . . .-Serien. Die Linien einer Serie erscheinen, wenn die
Elektronenenergie den Schwellenwert erreicht hat, gleichzeitig. Die
zur Anregung nötige Schwellenenergie ist am größten bei der *K*-Serie
und nimmt in der Reihenfolge *L, M, N, . . .*-Serie ab. Bei kontinuier-
licher Steigerung der Röhrenspannung erscheint also die zuletzt genannte
Serie zuerst, die *K*-Serie zuletzt. Auffällig ist, daß die höheren Serien

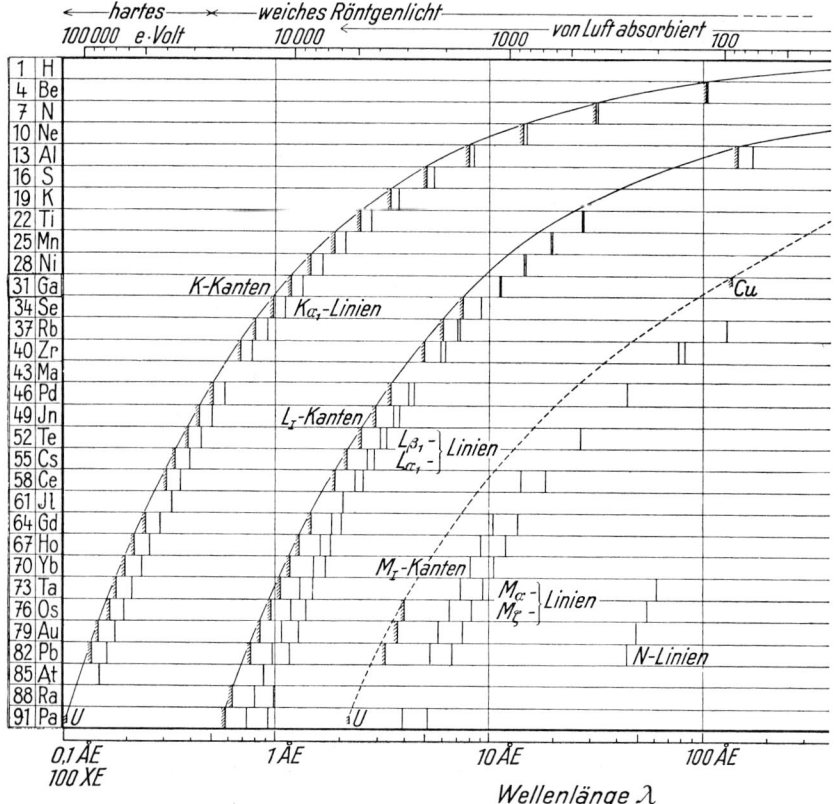

Abb. 67. Spektrale Lage der Röntgen-Emissionsserien und -Absorptionskanten der Elemente

erst bei Atomen mit einer Mindestzahl von Elektronen auftreten, z. B.
die *L*-Serie vom Neon an, bei dem die *L*-Schale gerade aufgefüllt ist,
die *M*-Serie erst bei Atomen mit voll aufgefüllter *M*-Schale usw. Hier
dokumentiert sich bereits deutlich der enge Zusammenhang zwischen
dem Röntgenspektrum und dem Schalenbau der Atome. Der Vergleich
verschiedener Atome zeigt, daß die einzelnen Serien, sofern sie überhaupt vorhanden sind, sich mit steigender Kernladungszahl *Z* nach
höheren Frequenzen verschieben (Abb. 67).

43. Das Absorptionsspektrum

Das Röntgenabsorptionsspektrum unterscheidet sich vom Emissionsspektrum wesentlich dadurch, daß es keine diskreten Linien enthält. Es besteht vielmehr, wie Abb. 68 zeigt, aus einzelnen Kontinua, die an der langwelligen Seite scharf abbrechen und von denen sich mehrere im Spektrum eines Atoms überlagern. Da die Frequenzen der *Absorptionskanten* sich nur wenig von den im Emissionsspektrum beobachteten Frequenzen der $K, L, M, \ldots$-Serien unterscheiden (sie sind etwas größer als diese, siehe Abb. 68), heißen sie $K, L, M, \ldots$-Kanten. Bei der Beob-

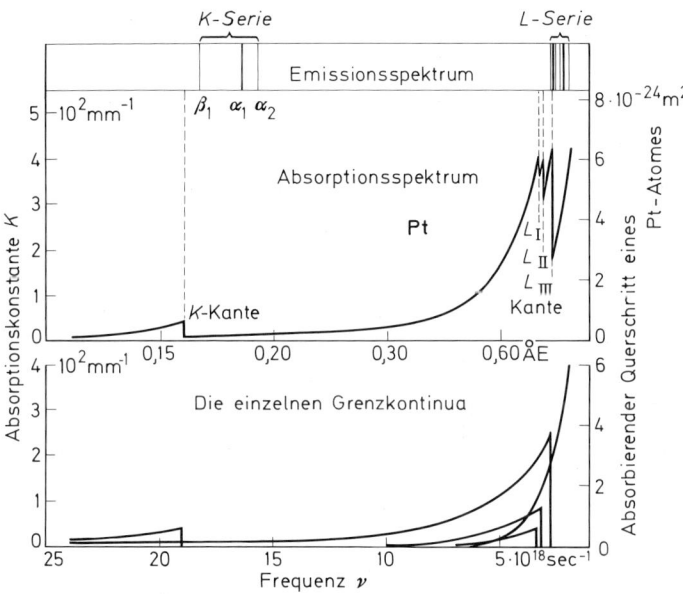

Abb. 68. Röntgenspektrum des Platins in Emission und Absorption

achtung des Emissionsspektrums in *Fluoreszenz* erscheint die L-Serie erst bei Einstrahlung einer Frequenz, die im L-Kontinuum absorbiert wird, also mindestens gleich der Frequenz der L-Kante ist, die K-Serie erst bei Einstrahlung einer Frequenz von mindestens der K-Kante. Die Emission jeder Serie setzt also einen Absorptionsprozeß voraus, zu dem nur Lichtquanten von mindestens der Energie der zugehörigen Kante hinreichend sind. Da die K-Kante die kurzwelligste ist, erfordert also die Anregung der Emission der K-Serie eine höhere Energie als die der anderen Serien, in Übereinstimmung mit dem bei Anregung durch Elektronenstoß in der Röntgenröhre Beobachteten.

Strahlt man nicht, wie bisher vorausgesetzt, verschiedene Frequenzen in ein und dasselbe Atom ein, sondern umgekehrt eine feste Frequenz in verschiedene, nach steigender Kernladungszahl angeordnete Atome, so ergibt sich die Kurve von Abb. 69. Sie besagt, daß ein der Wellenlänge 1 Å entsprechendes Lichtquant bei den Elementen unterhalb $Z = 34$ noch für den K-Absorptionsprozeß, d. h. die Anregung der K-Serie, oberhalb von $Z = 34$ aber nur mehr für den L-Absorptionsprozeß [1] und

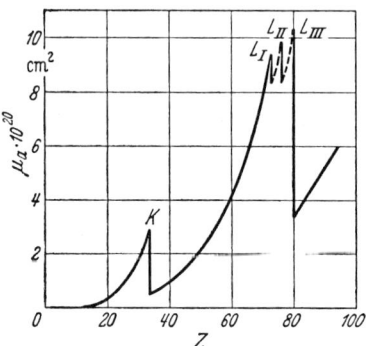

oberhalb von $Z = 80$ auch für diesen nicht mehr ausreicht. Die für einen bestimmten Anregungsprozeß nötige Anregungsenergie wächst also mit der Kernladungszahl.

Abb. 69. Absorption einer Strahlung von $\lambda = 1$ Å in verschiedenen Elementen

44. Die Kosselsche Theorie der Röntgenspektren

Im Jahre 1914 ist es W. Kossel gelungen, die Röntgenspektren vollständig durch das Atommodell zu deuten. Zunächst wird jedes Absorptionskontinuum als Seriengrenzkontinuum gedeutet, d. h. durch Absorptionsakte, bei denen das Atom ionisiert wird, und zwar im Gegensatz zu den Grenzkontinua der optischen Spektren nicht von der Atomoberfläche aus, sondern hier jeweils aus einer der inneren Schalen, so daß ein Elektron aus einer inneren Schale vom Atom entfernt wird und die Frequenzen ν_K, ν_L, ν_M, ... usw. der Absorptionskanten die Ionisierungsarbeiten bestimmen. D. h. es ist z. B. bei Absorption einer Frequenz oberhalb der K-Kante in Übereinstimmung mit (12.5), (12.6) und (15.4)

$$h\nu = h\nu_K + \frac{1}{2} m_{eo} v^2 , \qquad (44.1)$$

und entsprechende Gleichungen gelten für die übrigen Kontinua. Der anschließende Emissionsakt verläuft so, daß in den frei gewordenen Platz ein weniger fest gebundenes Elektron aus einer äußeren Schale nachrückt. Die dabei freiwerdende Differenz der Bindungsenergien wird als Lichtquant emittiert (Abb. 70). Die verschiedenen Linien der K-Serie entstehen dadurch, daß Elektronen aus verschiedenen Schalen nachrücken können. Kommt das Elektron aus der L, M, N ...-Schale, so spricht man von der K_α, K_β, K_γ ...-Linie. Ganz analog entsteht die L-Serie durch Nachrücken äußerer Elektronen in einen freien Platz der L-Schale usw. Da die bei diesen Prozessen entstehenden Lücken in den äußeren Schalen kaskadenartig von noch weiter außen her ebenfalls aufgefüllt werden, genügt z. B. ein einziger K-Absorptionsakt nach (44.1), um die Emission einer ganzen Reihe von Linien verschiedener Serien

---

[1] Die Aufspaltung der L-Kante behandeln wir im nächsten Abschnitt.

auszulösen. Nach dem geschilderten Modell müssen im Röntgenspektrum eine ganze Reihe von aus Abb. 70 leicht ablesbaren Kombinationsbeziehungen, etwa der folgenden Art, erfüllt sein:

$$\nu_K - \nu_L = \nu_{K_\alpha}$$
$$\nu_K - \nu_M = \nu_{K_\beta}$$
$$\nu_L - \nu_M = \nu_{L_\alpha}$$
$$\nu_{K_\beta} - \nu_{K_\alpha} = \nu_{L_\alpha} \quad \text{usw.}$$

(44.2)

Derartige experimentell leicht auffindbare Kombinationen erleichtern die Analyse eines Röntgenspektrums ungemein. Da normalerweise alle

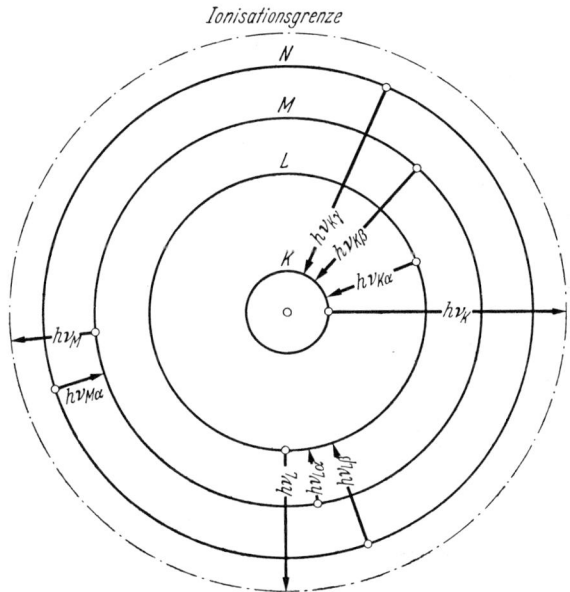

Abb. 70. Zur Kosselschen Deutung der Röntgenspektren

Plätze der inneren Schalen eines Atoms besetzt sind, können, wie es sein muß, nur die Grenzkontinua, nicht die Linien in Absorption auftreten.

Wir haben bisher stillschweigend die Voraussetzung gemacht, daß alle Elektronen einer Schale gleich fest gebunden sind, so daß es energetisch gleichgültig ist, *welches Elektron* einer Schale einen Absorptions- oder Emissionsakt erlebt. Wenn das richtig wäre, könnte es nur eine einfache Kante jedes Absorptionskontinuums geben und auch jede Emissionslinie müßte einfach sein. Wie jedoch die Unterscheidung der L_I, L_{II}, L_{III}-Kanten und der $K_{\alpha 1}$, $K_{\alpha 2}$-Linien in Abb. 68 zeigt, ist das keineswegs der Fall. Doch wird auch diese *Feinstruktur* der Kanten und Linien vom Modell richtig wiedergegeben. Da die innersten, kernnahen

Elektronen unter dem vollen Einfluß des nur wenig abgeschirmten Kernfeldes stehen, kann die elektrostatische Wechselwirkung mit den mehr äußeren Elektronen dagegen vernachlässigt und jedes Elektron wie das eines H-Atoms mit der großen Kernladungszahl $Z^* = Z - \sigma$ behandelt werden. Die Energie eines Elektrons mit der wahren Hauptquantenzahl n ist also in dieser Näherung und bei vorläufiger Vernachlässigung des Spins gegeben durch (vgl. Abschnitt 11 und Gl. (13.11))

$$W_n = -h\,R_K\,(Z-\sigma)^2 \cdot \frac{1}{n^2}. \tag{44.3}$$

Nun sind aber auf Grund des *Pauli*-Prinzips die Elektronen gleicher Hauptquantenzahl durch andere Quantenzahlen unterschieden. Wir benutzen zu dieser Unterscheidung statt des Satzes $n\,l\,m_l\,m_s$ den Quantenzahlensatz $n\,l\,j\,m_j$ (vgl. Aufgabe 33). Denn wegen der großen Kernladungszahl Z^* ist die Spin-Bahnkopplung stark, die Dublettaufspaltung zwischen den Zuständen $j = l \pm 1/2$ eines Elektrons somit merklich, d. h. die Verwendung der Quantenzahl j zweckmäßig (extreme jj-Kopplung!). Wegen des Fehlens eines äußeren Feldes können wir Elektronen, die sich nur durch den Wert von m_j unterscheiden, als energetisch gleichwertig ansehen, so daß wir innerhalb der Schale nur die Elektronen mit verschiedenen l und j zu unterscheiden haben. Nach Spalte 3 der Tabelle 14 sind also die beiden Elektronen der K-Schale gleichwertig, während es

Tabelle 14.
Besetzung der 3 tiefsten Schalen nach dem Pauli-Prinzip, $n\,l\,j\,m_j$-Schema

n	l	j	m_j	Elektronenzahl	Konfiguration	Name der Schale
1	0	$1/2$	$\pm 1/2$	2	$1s^2$	K
2	0	$1/2$	$\pm 1/2$	2		L_I
	1	$1/2$	$\pm 1/2$	$+2$ $\Big\}=8$	$2s^2p^6$	L_II $\Big\}L$
		$3/2$	$\pm 3/2$			L_III
			$\pm 1/2$	$+2\cdot 2$		
3	0	$1/2$	$\pm 1/2$	2		M_I
	1	$1/2$	$\pm 1/2$			M_II
		$3/2$	$\pm 1/2$	$+3\cdot 2$		M_III
			$\pm 3/2$	$\Big\}=18$	$3s^2p^6d^{10}$	
	2	$3/2$	$\pm 1/2$			M_IV
			$\pm 3/2$			
		$5/2$	$\pm 1/2$			M_V
			$\pm 3/2$			
			$\pm 5/2$	$+5\cdot 2$		

in der L-Schale 3, in der M-Schale 5 energetisch verschiedene Arten von Elektronen gibt. D. h. es gibt nur eine K-Kante, aber drei L-Kanten L_I, L_II, L_III und sogar 5 M-Kanten, die sich durch den Zustand des ionisierten Elektrons unterscheiden.

Wird ein Elektron aus einer abgeschlossenen inneren Schale entfernt, so bleibt das Atom in einem Lochzustand zurück, der dasselbe Termsymbol besitzt, wie das entfernte Elektron (S. 125). Nach Entfernen

eines *s*-Elektrons aus der *K*-Schale haben wir also nach Tabelle 7 einen
$1s\ ^2S_{1/2}$-Term, nach Entfernen eines *s*-Elektrons aus der *L*-Schale ebenfalls einen $2s\ ^2S_{1/2}$-Term (L_I) [1], nach Entfernen eines *p*-Elektrons je nach
dem Wert von *j* einen $2p\ ^2P_{1/2}$ (L_{II})- oder $2p\ ^2P_{3/2}$ (L_{III})-Term. Bei der
Emission eines Röntgenquants erfolgt also ein Übergang zwischen zwei
solchen Lochzuständen unter Befolgung der Auswahlregeln (33.1/2).
Abb. 71 zeigt das Termschema des Pt-Atoms bis zur *M*-Schale mit den

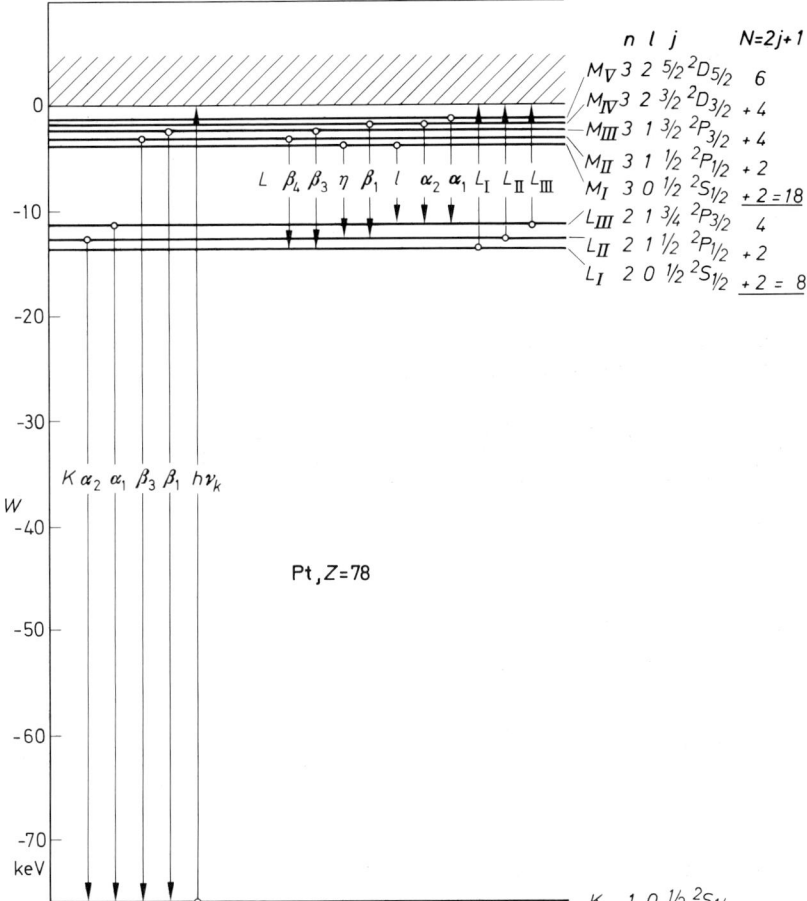

Abb. 71. Röntgen-Termschema des Pt-Atoms mit erlaubten Übergängen in Emission und Absorption. Die Abstände innerhalb der *L*- und *M*-Kanten sind nicht maßstabgerecht

---

[1] Die Buchstaben $L_{I, II, III}$ usw. werden benutzt zur Bezeichnung 1. der
Konfiguration energetisch gleichwertiger Elektronen, 2. der durch das Entfernen dieser Elektronen entstehenden Lochzustände, 3. der zu ihnen gehörenden Absorptionskanten.

nach den Auswahlregeln (33.1) und (33.2) eingezeichneten Übergängen. Man sieht, daß die an sich unscharfe, aber noch sehr stark wirksame Δl-Regel statt dreier K_α-Linien nur zwei erlaubt.

Die beiden Energiedifferenzen zwischen den drei L-Kanten beruhen auf ganz verschiedenen Mechanismen: der Abstand von L_{II} nach L_{III}, d. h. von ${}^2P_{1/2}$ nach ${}^2P_{3/2}$ ist offenbar, da der Unterschied nur in der Spinrichtung liegt, die reguläre Dublettaufspaltung. Sie ist, da (44.3) den Spin nicht berücksichtigt, durch diese Gleichung nicht darstellbar, sondern durch (26.5) mit $J=j={}^3/_2$ gegeben. Der Abstand von L_I nach L_{II} dagegen kann, da j in beiden Fällen denselben Wert hat, aber l, d. h. die Bahnbewegung, also der mittlere Abstand des Elektrons vom Kern ein anderer ist, nur auf einem verschiedenen Wert der Abschirmungskonstanten $\sigma=\sigma(l)$ in (44.3) beruhen. Man unterscheidet deshalb diese sogenannten *Abschirmungs*-Dubletts von den *regulären* oder Spin-Dubletts. Da die Abschirmungskonstante nur von der Zahl derjenigen Elektronen abhängt, die sich zwischen dem Kern und dem gerade betrachteten Elektron bewegen, ist sie von der Kernladungszahl Z unabhängig, d. h. die Abschirmungsaufspaltung ist von Z unabhängig, während nach Abschnitt 27 c die Spinaufspaltung mit Z zunimmt. Diese Tatsache wird experimentell sehr schön in der folgenden, zuerst von MOSELEY 1913 angewandten Darstellung der Röntgenterme zum Ausdruck gebracht.

Aus (44.3) folgt, wenn wir in diesem Zusammenhang die Frequenz der Absorptionkanten ohne Index einfach mit $\nu = h^{-1}(W_\infty - W_n)$ bezeichnen

$$\sqrt{\frac{\nu}{R_K}} = \sqrt{\frac{W_n}{h\,R_K}} = \frac{1}{n}(Z-\sigma), \qquad (44.4)$$

d. h. ein linearer Zusammenhang zwischen $\sqrt{\dfrac{\nu}{R_K}}$ und Z mit der Steigung $\dfrac{1}{n}$. Trägt man die Wurzel aus der durch R dividierten[1] experimentell bestimmten Kantenfrequenz für alle beobachteten Kanten über Z auf, so ergibt sich das *Moseley*-Diagramm Abb. 72. Die Abhängigkeit ist tatsächlich mit der richtigen Steigung linear, solange die betrachtete Schale als innere Schale behandelt werden kann, d. h. die zu Gl. (44.3) führenden Voraussetzungen erfüllt sind, also für die K-Schale, und für die übrigen Schalen bei den höchsten Kernladungszahlen. Ferner laufen die Geraden der Abschirmungsdubletts $L_{I,\,II}$, $M_{I,\,II}$, $N_{I,\,II}$, wie es wegen der Konstanz von σ sein muß, tatsächlich parallel, während die Geraden der Spindubletts $L_{II,\,III}$, $M_{II,\,III}$ usw. nach oben auseinanderlaufen.

Zur quantitativen Auswertung von (44.3) setzen wir zunächst grobschematisch plausible Werte von σ an, z. B. $\sigma=1$ für die K-Schale, $\sigma=9$

---

[1] Statt R_K kann für diesen Zweck R_∞ gesetzt werden.

für die *L*-Schale, indem wir alle Elektronen äußerer Schalen gar nicht, alle Elektronen derselben und der inneren Schalen voll berücksichtigen. Für Platin erhält man dann mit (13.15), (12.3) und $Z = 78$ für die *K*-Schale den Wert $-79\,600$ eVolt, für die *L*-Schale $-16\,500$ eVolt,

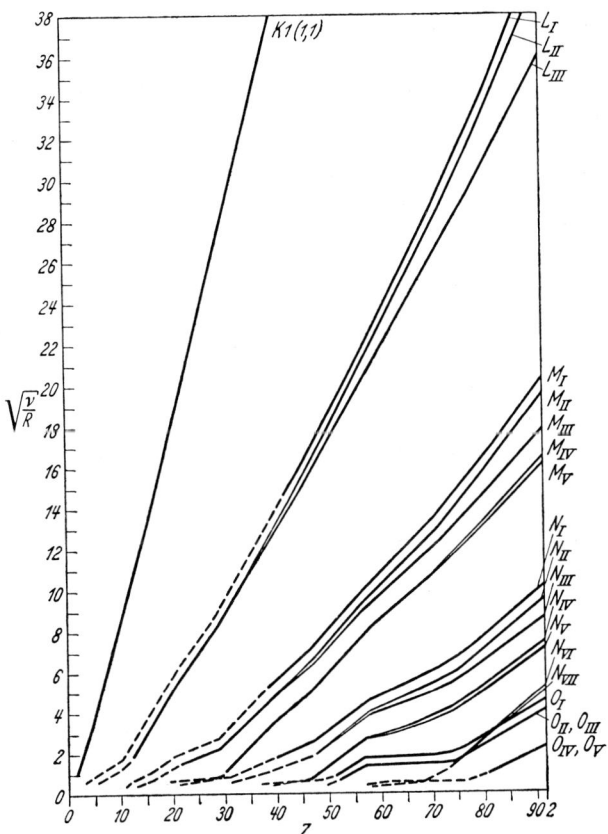

Abb. 72. Moseley-Diagramm der Absorptionskanten

also Werte, die den aus Abb. 71 zu entnehmenden experimentellen Werten nahe kommen[1]. Die hohen Energien der Röntgenterme, d. h. die kleinen Wellenlängen des Röntgenlichtes beruhen also einfach darauf, daß das Röntgenlicht im Innern der Atome entsteht, und daß die inneren Elektronen sehr fest an den nur wenig abgeschirmten Kern gebunden sind.

---

[1] Umgekehrt bedeutet die Ausmessung der Röntgenterme eine Methode zur Bestimmung von σ, indem man das gemessene W_n in (44.3) einsetzt.

Aufgabe 34: Vervollständige die Tabelle 14 und das Termschema Abb. 71
bis zur O-Schale einschließlich. Suche die Abschirmungs- und Spin-Dubletts
heraus und vergleiche das Ergebnis mit dem Verlauf der Kurven im *Moseley*-
Diagramm. Zeichne auf Grund der Auswahlregeln die erlaubten Übergänge in
das Termschema ein. Beweise mit (44.4) die Unabhängigkeit der Abschirmungsaufspaltung von Z.

45. Röntgenstreuung und Compton-Effekt

Außer durch Absorption wird eine sich in einem Medium ausbrei-
tende Röntgenlichtwelle durch *Streuung* geschwächt. Da es sich nicht um
eine Absorption, sondern um einen Ausbreitungsvorgang handelt, läßt
sich die Streuung im Wellenbild beschreiben als die Emission der von
der einfallenden Welle zu erzwungenen Schwingungen erregten Elektronen. Die Frequenz des Streulichts ist also die des eingestrahlten

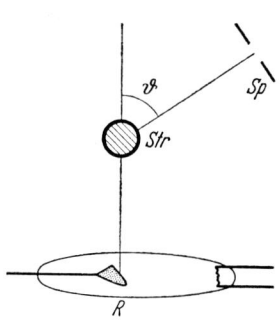

Lichtes, d. h. man photographiert nach
Streuung in einem Streukörper (z. B.
Graphitklötzchen) dasselbe Spektrum wie
ohne Streuung im direkten Licht der
Röntgenröhre (Abb. 73). Neben dieser, in
der Optik aller Wellenlängen wohlbekann-
ten *Rayleighschen Streustrahlung* hat H.
A. Compton 1923 eine andere Streustrahlung gefunden, die sich durch den beschriebenen Wellenmechanismus des Mit-
schwingens von Elektronen mit der pri-
mären Welle nicht beschreiben läßt, sondern im Gegenteil einen besonders deut-
lichen Fall eines Korpuskelexperiments
darstellt (*Compton*-Effekt).

Abb. 73. Schema eines Streuversuches,
R=Röntgenröhre, Str=Streukörper,
Sp=Spektrographenspalt

Man beobachtet neben den Spektrallinien der Rayleighschen Streustrahlung zusätzliche, nach längeren Wellen verschobene Linien. Die Verschiebung ist dabei völlig unabhängig von der streuenden Substanz und
hängt nur vom Streuwinkel ϑ ab nach der Formel

$$\Delta\lambda = \Lambda\,(1 - \cos\vartheta)\,, \qquad (45.1)$$

wobei Λ die sogenannte *Compton*-Wellenlänge

$$\Lambda = 0,024 \text{ Å} \qquad (45.2)$$

ist (Abb. 74). Wegen der Kleinheit dieses Wertes ist die relative Wellen-
längenänderung $\frac{\Delta\lambda}{\lambda}$ gegenüber der unverschobenen Rayleighlinie nur
bei genügend kleiner Wellenlänge, d. h. genügend harter Primärstrah-
lung größer als die Auflösungsgrenze eines Röntgenspektrographen.

Die Deutung dieses Effektes ist gleichzeitig von Compton und
Debije (1923) gegeben. Wegen der Unabhängigkeit von der Streu-
substanz können weder die ganzen Atome noch die Atomkerne, sondern
nur die Elektronen verantwortlich gemacht werden, wenn es erlaubt ist,

ihre noch vom individuellen Streuatom abhängige Bindungsenergie gegen die Energie der sehr harten Röntgenstrahlung zu vernachlässigen. Wir behandeln jetzt einen elastischen Zusammenstoß zwischen einem frei und ruhend gedachten Elektron und einem Lichtquant $h\nu$, indem wir nur die auch in der Quantenmechanik gültigen Erhaltungssätze von Energie und Impuls benutzen. Bei diesem Zusammenstoß werde das Lichtquant mit der Energie $h\nu' = h(\nu + \varDelta\nu)$ um den Streuwinkel ϑ abgelenkt, und das Elektron erhalte einen Rückstoß (Impuls $m_e v$, Energie $m_e c^2$) in Richtung φ (Abb. 75).

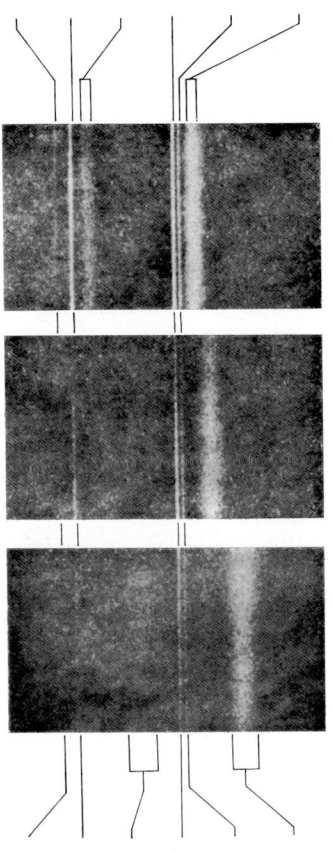

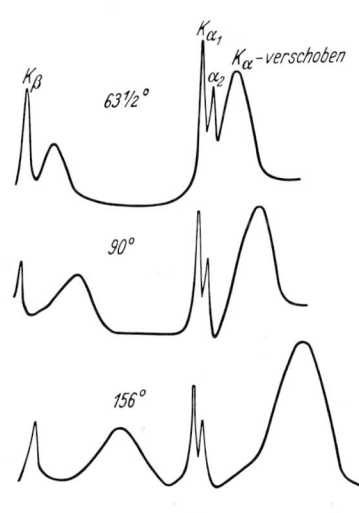

Abb. 74. Compton-Effekt bei Streuwinkeln $\vartheta = 63{,}5°$, $90°$, $156°$ an Graphit, Mo-K-Strahlung. a) Aufnahme im Kristallspektrometer; b) Photometerkurven. λ wächst nach rechts

Schreibt man links die Größen vor, rechts die Größen nach dem Stoß hin, so gilt (vgl. Abschnitt 18) der Energiesatz:

$$h\nu + m_{e0}c^2 = h\nu' + m_e c^2 , \qquad (45.3)$$

der Impulssatz für die x-Richtung:

$$0 = \frac{h\nu'}{c}\sin\vartheta - m_e v \cdot \sin\varphi , \qquad (45.4)$$

der Impulssatz für die y-Richtung

$$\frac{h\,\nu}{c} = \frac{h\,\nu'}{c}\cos\vartheta + m_e\,v\cdot\cos\varphi\,.$$ (45.5)

Führt man überall die bewegte Masse m_e auf die Ruhemasse m_{eo} zurück, so erhält man aus (45.3)

$$h^2\varDelta^2\nu - 2\,m_{eo}\,c^2\,h\varDelta\nu = m_{eo}^2\,c^4\cdot\frac{v^2}{c^2-v^2}\,.$$ (45.6)

und durch Eliminieren des Winkels φ aus (45.4) und (45.5)

$$h^2\left[\varDelta^2\nu + 2\,\nu\,(\nu+\varDelta\nu)\,(1-\cos\vartheta)\right] = m_{eo}^2\,c^4\,\frac{v^2}{c^2-v^2}\,.$$ (45.7)

Gleichsetzen der beiden linken Seiten liefert

$$-m_{eo}\,c^2\,h\varDelta\nu = h^2\,\nu\,(\nu+\varDelta\nu)\,(1-\cos\vartheta)\,.$$ (45.8)

Wegen

$$\varDelta\lambda = \frac{c}{\nu+\varDelta\nu} - \frac{c}{\nu} = -\frac{c\,\varDelta\nu}{\nu\,(\nu+\varDelta\nu)}$$ (45.9)

folgt hieraus

$$\varDelta\lambda = \frac{h}{m_{eo}\,c}\,(1-\cos\vartheta) = \varLambda\,(1-\cos\vartheta)\,.$$ (45.10)

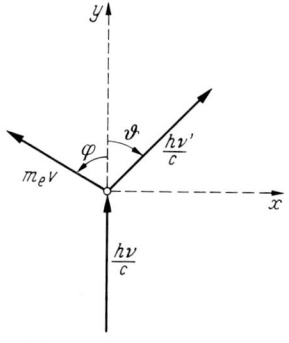

Abb. 75. Zum Compton-Effekt

D. h. die Theorie gibt die richtige Winkelabhängigkeit, und auch die Comptonwellenlänge hat genau den richtigen, vom Experiment geforderten Zahlenwert.

$$\varLambda = \frac{h}{m_{eo}\,c} = 0{,}024\ \text{Å}\,.$$ (45.11)

Sie hat übrigens eine sehr anschauliche Bedeutung: die Lichtquantenenergie einer Strahlung von der Wellenlänge $\varLambda$ ist gerade die Ruhenergie des Elektrons:

$$\frac{h\,c}{\varLambda} = h\nu = m_{eo}\,c^2\,.$$ (45.12)

Erfolgt der Stoß in einer Wilsonschen Nebelkammer, so kann die Bahn des Rückstoßelektrons beobachtet und ausgemessen werden. Auch hier bestehen die Aussagen der Theorie zu Recht. Zum Schluß sei noch darauf hingewiesen, daß in der Theorie nur die für korpuskulare Vorgänge entscheidenden Erhaltungssätze benutzt wurden, daß wir aber über den eigentlichen Mechanismus des „Stoßes" überhaupt nichts ausgesagt haben. Diese Frage bleibt im Rahmen unserer Einführung offen.

Lassen wir jetzt die Voraussetzung fallen, daß die streuenden Elektronen frei und ruhend seien, und berücksichtigen die endlichen Bindungsfestigkeiten und Geschwindigkeiten der verschiedenen Elektronen, so sind die Bilanzen (45.3) bis (45.5) durch zusätzliche Energien und Impulse zu ergänzen, die einen zusätzlichen Beitrag zu der Verschiebung (45.10) liefern. Summation über viele Prozesse an verschiedenen Elektronen erklärt die große Breite der *Compton*-Linie (Abb. 74).

Aufgabe 35: Berechne Impuls, Energie und Flugrichtung φ des Rückstoßelektrons als Funktion des Streuwinkels ϑ des Lichtquants.

Aufgabe 36: Bei welcher Lichtquantenenergie $h\nu$ (in eVolt) wird $-\Delta\nu = \dfrac{1}{2}\nu$, bei einem Streuwinkel von 90°? Wie groß wird λ und $\Delta\lambda$?

M. Unschärfe atomarer Beobachtungen

46. Unbestimmtheitsrelationen

Der Comptoneffekt ermöglicht an Hand des folgenden, von HEISENBERG angestellten Gedankenexperiments eine wesentliche Vertiefung unserer bisherigen Vorstellungen über die Konsequenzen des Dualismus Welle — Korpuskel. Wir stellen uns zunächst auf den Standpunkt, daß es auch in atomaren Dimensionen möglich sei, das Programm der klassischen Punktmechanik durchzuführen, d. h. als Anfangsbedingung für die Bahnbewegung eines Teilchens seinen Ort und Impuls gleichzeitig beliebig genau anzugeben.

Hierzu versuchen wir zunächst mit Hilfe eines Mikroskops den Ort eines durch eine Licht*welle* beleuchteten und durch die Streulicht*welle* abgebildeten Elektrons möglichst genau zu messen (Abb. 76). Wegen der unvermeidlichen Beugung läßt sich dabei der Ort nicht genauer angeben als bis auf eine Unbestimmtheit von der Größe des durch die Apertur sin ε vorgegebenen Beugungsscheibchens [1], d. h.

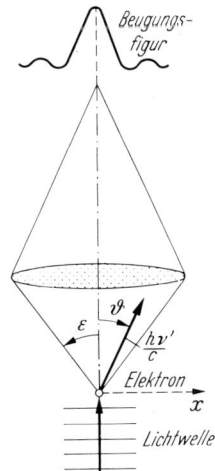

Abb. 76. Zur Unbestimmtheitsrelation bei wellenoptischer Ortsmessung

$$\Delta x \approx \frac{\lambda}{\sin \varepsilon}, \qquad (46.1)$$

je kleiner die Wellenlänge, desto kleiner die Unsicherheit. Interessiert man sich nun außer für den Ort auch für den Impuls des Elek-

---

[1] Wegen der Schwierigkeit, diese Größe willkürfrei exakt zu definieren, ist in (46.1) das Gleichheitszeichen vermieden und durch das Zeichen $\approx$ („etwa gleich") ersetzt.

trons, so ist folgendes zu beachten. Bei Einstrahlung von Licht auf ein
Elektron ist immer der *Compton*-Effekt zu berücksichtigen. Dazu ist die
das Elektron abbildende Streu*welle* jetzt durch die gestreuten Licht-
quanten zu ersetzen. Nach Gl. (45.4) erteilt ein um den Winkel ϑ ab-
gelenktes Lichtquant dem Elektron in Richtung der x-Achse den Im-
puls[1] $\dfrac{h\,\nu}{c}\sin\vartheta$. Da nur Lichtquanten mit $\vartheta \leqq \varepsilon$ zur Abbildung beitragen, man aber weder weiß ob, noch mit welchem Streuwinkel ϑ ein
Comptoneffekt stattgefunden hat, wird der Impuls des Elektrons um
einen unbestimmten Betrag $\dfrac{h\,\nu}{c}\sin\vartheta \leqq \dfrac{h\,\nu}{c}\sin\varepsilon$ geändert, d. h. die
x-Komponente des Impulses wird, da der ungünstigste Fall berücksich-
tigt werden muß, unbestimmt um den Betrag

$$\Delta p_x = \frac{h\,\nu}{c}\sin\varepsilon = \frac{h}{\lambda}\sin\varepsilon. \tag{46.2}$$

Eine Impulsmessung, etwa durch Wiederholung der Ortsmessung nach
einer bekannten Zeit dt, würde also von vornherein diese, schon durch
die erste Ortsmessung hervorgerufene Unbestimmtheit in Kauf nehmen
müssen. Multiplikation von (46.2) mit (46.1) gibt die berühmte Heisenbergsche *Unbestimmtheitsrelation*

$$\Delta x \cdot \Delta p_x \approx h. \tag{46.3}$$

Sie besagt, daß es nicht möglich ist, Ort und Impuls eines Teilchens[2]
gleichzeitig so genau anzugeben, daß das Produkt der Unbestimmt-
heiten kleiner als etwa h wird[3]. Jede Genauigkeitssteigerung beim Messen der einen Größe (z. B. bei der Ortsmessung durch Verwendung
kurzwelligeren Lichtes) führt zwangsweise zu einer Vergröberung der
Unsicherheit bei der anderen (hier beim Impuls durch Verstärkung des
Rückstoßes). Hierfür ist der Dualismus Welle – Korpuskel entscheidend.
In unserem Beispiel hatten wir die Ortsmessung wellenoptisch, d. h. als
reinen Lichtwellenversuch durchgeführt, was zur Folge hatte, daß uns
ein korpuskularer Lichtquanteneffekt die genaue Kenntnis des Impulses
verdarb.

Man kann auch umgekehrt für die Ortsmessung ein Verfahren der
Punktmechanik anwenden, etwa indem man das Elektron zwingt, durch
einen in den Elektronenstrahl gestellten Spalt von der Breite b zu fliegen

---

[1] Wir benutzen hier die bei unserer Abschätzung noch vertretbare Beziehung $\nu' \approx \nu$.

[2] Das Gedankenexperiment läßt sich für alle geladenen Teilchen, andere
Experimente lassen sich für *alle* Teilchen mit demselben Ergebnis durchführen.

[3] Selbstverständlich handelt es sich nicht um eine meßtechnische, sondern
um eine grundsätzliche Unmöglichkeit. Bei makroskopischen Messungen allerdings treten Wirkungen auf, die groß gegen h sind, so daß dort die Heisenbergsche Unbestimmtheit immer viel kleiner ist als die meßtechnisch bedingte.
Im Rahmen der Meßtechnik bleibt dort also die klassische Mechanik „richtig".

(Abb. 77). Dann ist die x-Koordinate des Elektrons in der Spaltebene bis auf eine, grundsätzlich auf Null zu verringernde Unsicherheit der Größe

$$\Delta x = b \qquad (46.4)$$

bekannt. Fragen wir aber nach dem Impuls, den das Elektron zur selben Zeit hat, so ist folgendes zu beachten: Das Schicksal des Elektrons

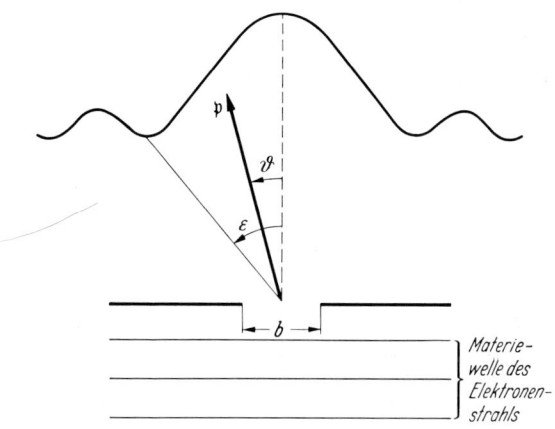

Abb. 77. Zur Unbestimmtheitsrelation bei punktmechanischer Ortsmessung

hinter dem Spalt, d. h. auch der Impuls, mit dem es aus dem Spalt herausfliegt, wird durch die Beugung der Materiewelle am Spalt bestimmt. D. h. das Elektron fliegt, wenn wir die schwachen Nebenmaxima der Beugungsfigur vernachlässigen, hinter dem Spalt in einer durch den Ablenkungswinkel ϑ gegebenen Richtung weiter, von der wir nur wissen, daß

$$0 \leqq \vartheta \lesssim \varepsilon \qquad (46.5)$$

mit

$$b \sin \varepsilon = \lambda \qquad (46.6)$$

ist [1]. Da der Betrag des Teilchenimpulses nach (18.3) gleich $\dfrac{h}{\lambda}$, seine x-Komponente also gleich $p_x = \dfrac{h}{\lambda} \sin \vartheta$ ist, ist nach (46.5; 46.6), da wieder der ungünstigste Fall berechnet werden muß, die x-Komponente infolge der Ortsmessung nur mit der Unsicherheit

$$\Delta p_x \approx \frac{h}{\lambda} \sin \varepsilon = \frac{h}{b} \qquad (46.7)$$

---

[1] Außerdem weiß man natürlich, daß die Häufigkeitsverteilung der Flugrichtungen ϑ durch die Intensitätsverteilung innerhalb des Beugungsmaximums der Materiewelle gegeben ist (vgl. Abschn. 19).

bekannt. Multiplikation mit (46.4) liefert wieder (46.3). Hier wird also die Ortsmessung in einem Korpuskelversuch durchgeführt, was zur Folge hat, daß ein Wellenvorgang die genaue Impulsmessung verhindert.

Bei einem dreidimensionalen Problem gelten natürlich gleichzeitig die Relationen

$$\Delta x \cdot \Delta p_x \approx h$$
$$\Delta y \cdot \Delta p_y \approx h \qquad \qquad (46.8)$$
$$\Delta z \cdot \Delta p_z \approx h \,.$$

Hier steht links jeweils das Produkt von zwei Größen, die in der klassischen Hamilton-Jacobischen Mechanik als Paar von kanonisch konjugierten Variablen auftreten [1].

Ein weiteres solches Paar bilden Energie und Zeit, und demzufolge gilt in der Quantenmechanik die Unbestimmtheitsrelation

$$\Delta W^* \cdot \Delta t \approx h \,. \qquad \qquad (46.9)$$

Ihre Bedeutung liegt darin, daß sie auf die Fragen: Zu welcher Zeit hat ein System die Energie W^*? oder: Welche Energie hat das System zur Zeit t? eine exakte Antwort verweigert, und zwar deshalb, weil wegen der Wellennatur des Systems eine Energiemessung bereits eine endliche Zeit erfordert. Wenden wir nämlich (46.9) auf ein freies Teilchen an, so ist $W^* = h\nu$, und Division von (46.9) mit h liefert die in diesem Fall durchsichtigere Beziehung

$$\Delta \nu \cdot \Delta t \approx 1 \,. \qquad \qquad (46.10)$$

Die Energiemessung ist also identisch mit einer Frequenzmessung an der Materiewelle, und es ist aus den Elementen der Wellenlehre bekannt, daß die Spektralbreite $\Delta \nu$, d. h. die Unsicherheit in der Kenntnis von ν um so größer wird, je kürzer der beobachtete Wellenzug, d. h. je kleiner die zur Energiemessung benutzte Zeit Δt gemacht wird, die als Unsicherheit in der Kenntnis des gefragten Zeitpunktes t auftritt. Gl. (46.10) ist der quantitative Ausdruck für diesen Sachverhalt.

Wendet man die Relation (46.9) auf die stationären Zustände eines Atoms an, so ist die für die Energiemessung zur Verfügung stehende Zeit die in Abschnitt 34 definierte mittlere Lebensdauer τ, so daß die Energieniveaus oder Terme nicht, wie bisher angenommen, scharf, sondern nur mit der Unbestimmtheit

$$\Delta W^* = \Delta W_n \approx \frac{h}{\tau_n} \qquad \qquad (46.11)$$

bekannt sind. Die Terme haben also eine endliche, durch ihre Lebensdauer bestimmte Breite.

---

[1] Äußerlich daran kenntlich, daß ihr Produkt die Dimension einer Wirkung hat.

47. Anwendungen der Unbestimmtheitsrelationen

Die Unbestimmtheitsrelationen sind ein direkter Ausdruck für den Dualismus Welle — Korpuskel und machen sich deshalb bei allen atomaren Prozessen bemerkbar. Wir behandeln zwei Beispiele: die Unbestimmtheit der Bahnbewegung der Elektronen im Atom und die Unschärfe der vom Atom emittierten Strahlungsfrequenzen.

a) Unbestimmtheit der Elektronenbahnen

Die klassische Mechanik beschreibt die Bahn eines Massenpunktes unter dem Einfluß gegebener Kräfte durch eine Differentialgleichung, die es gestattet, die Bewegungsgrößen, also Orts- und Impulsvektor des Massenpunktes für jeden späteren Zeitpunkt t *exakt* vorherzusagen, wenn sie einmal, etwa zur Zeit $t = 0$ *exakt* bekannt sind. Dies Verfahren ist nur dann sinnvoll, wenn grundsätzlich der Anfangszustand auch wirklich durch gleichzeitige genaue Messung von Ort und Impuls exakt definiert und jeder vorhergesagte spätere Zustand durch eine ebensolche Messung kontrolliert werden kann. Nach den Relationen (46.8) ist aber gerade das nicht möglich, d. h. es ist unsinnig, z. B. die Bahn eines Elektrons um den Atomkern exakt raumzeitlich zu beschreiben, wie es noch die Bohr-Sommerfeldsche Theorie tut. In den Lösungen der *Schrödinger*-Gleichung, deren Wesen nach Abschnitt 19 gerade in der Berücksichtigung des dualistischen Charakters der Materie besteht, kommt dementsprechend auch eine exakte Bahnbeschreibung nicht mehr vor.

b) Breite der Spektrallinien

Wegen der Unbestimmtheit der Terme ist auch die Energie des beim Übergang zwischen zwei Termen emittierten Lichtquants unbestimmt, und zwar ist nach Abb. 78 die Unbestimmtheit des Lichtquants gleich der Summe der Unbestimmtheit der Terme, d. h. nach (46.11) ist die spektrale Breite der Spektrallinie gegeben durch

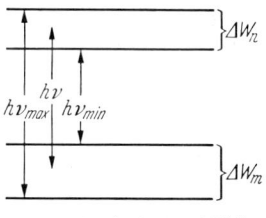

Abb. 78. Termbreiten und Linienbreite

$$\Delta \nu_{mn} = \frac{1}{h} \left(\Delta W_m + \Delta W_n \right) \sim \frac{1}{\tau_m} + \frac{1}{\tau_n} = \gamma_m + \gamma_n. \qquad (47.1)$$

Dabei bleibt die Frage nach der Wahrscheinlichkeit der verschiedenen in diesen Bereich fallenden Übergänge, d. h. die *spektrale Energieverteilung* innerhalb der Spektrallinie zunächst offen.

Wir versuchen diese Frage mit Hilfe des Korrespondenzprinzips zu beantworten, indem wir im Sinn von Abschnitt 33 a jeder Spektrallinie einen mit der Frequenz ν_{mn} schwingenden Elektronendipol zuordnen.

Dieser Dipol schwingt wegen des dauernden Verlustes von Strahlungsenergie gedämpft *(Strahlungsdämpfung)*, d. h. die Schwingungsampli-
tude des Elektrons nimmt zeitlich exponentiell ab. Das Elektron bewege
sich also, etwa auf der x-Achse, gemäß

$$x\,(t) = a\,(t) \cdot \cos \omega_{mn}\, t\,,$$
$$a\,(t) = a\,(0) \cdot e^{-1/2\gamma\, t}\,. \tag{47.2}$$

Die Fourierzerlegung dieser Bewegung liefert ein Frequenzband beider-
seits ν_{mn} von um so größerer Breite, je größer die Dämpfungskonstante
γ, d. h. je kleiner die Abklingzeit

$$\tau = \frac{1}{\gamma} \tag{47.3}$$

für die Strahlungsleistung des Oszillators ist. Da die Amplitude der
Teilschwingungen mit wachsendem Frequenzabstand von ν_{mn} sehr schnell
abnimmt, hat auch die spektrale Energieverteilung der emittierten
Strahlung ein Maximum bei ν_{mn}. Sie wird dargestellt durch die Formel

$$u\,(\nu)\,d\nu = \frac{\text{const.}}{4\,\pi^2\,(\nu - \nu_{mn})^2 + \frac{1}{4}\,\gamma^2}\,d\nu\,, \tag{47.4}$$

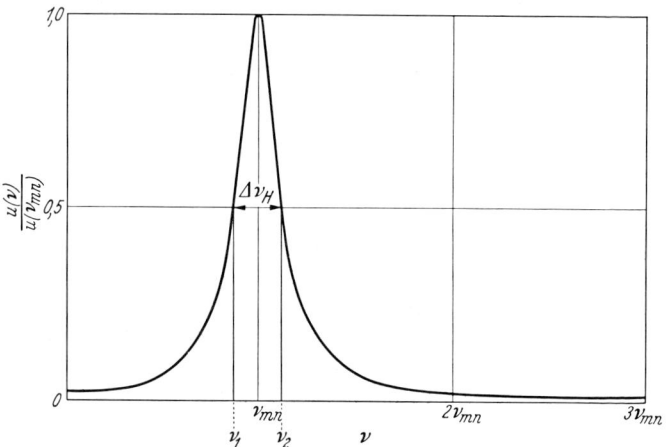

Abb. 79. Zur natürlichen Linienbreite

deren Verlauf in Abb. 79 dargestellt ist. Charakteristisch für diese Kurve
ist ihre Halbwertsbreite

$$\Delta\nu_H = \nu_2 - \nu_1 = \frac{1}{2\,\pi}\,\gamma\,, \tag{47.5}$$

wobei ν_1 und ν_2 durch die Bedingung

$$u\,(\nu_1) = u\,(\nu_2) = \frac{1}{2}\,u\,(\nu_{mn}) \tag{47.6}$$

definiert sind. Die notwendige Übersetzung dieser Analyse des Emissionsprozesses aus der Sprache des Wellenbildes in die korpuskulare Sprache nehmen wir jetzt vor, indem wir (47.5) mit der Abschätzung (47.1) vergleichen: wir haben einfach die spektrale Breite des klassischen Abklingvorganges zu ersetzen durch die Summe der Termbreiten [1] und erhalten dann statt (47.4) und (47.5) für Linienform und Halbwertsbreite die endgültigen Beziehungen

$$u\ (\nu)\ \mathrm{d}\nu = \frac{\text{const.}}{4\ \pi^2\ (\nu - \nu_{mn})^2 + \frac{1}{4}(\gamma_m + \gamma_n)^2}\ \mathrm{d}\nu \qquad (47.7)$$

und

$$\Delta \nu_H = \frac{1}{2\ \pi}\ (\gamma_m + \gamma_n) = \frac{1}{2\ \pi}\left(\frac{1}{\tau_m} + \frac{1}{\tau_n}\right). \qquad (47.8)$$

Da diese Halbwertsbreite und mit ihr die Linienform nur abhängen von den inneren Übergangswahrscheinlichkeiten des Atoms, werden sie als die *natürliche* Linienbreite und Linienform bezeichnet. Genau dieselben Gleichungen, bei (47.7) mit einer anderen Konstanten im Zähler, gelten bei der Absorption für die spektrale Verteilung der Absorptionskonstanten $k\ (\nu)$. Für einen erlaubten Übergang zum Grundzustand im Sichtbaren ($\lambda = 5000$ Å, $\tau_m = \infty$, $\tau_n = 10^{-8}$ sec) wird die natürliche Linienbreite auf der Wellenlangenskala nach (47.8) zu

$$\Delta \lambda_H = \frac{\lambda^2}{c}\ \Delta \nu_H = 1{,}3 \cdot 10^{-4}\ \text{Å}$$

d. h. es ist

$$\frac{\lambda}{\Delta \lambda_H} = 4 \cdot 10^7$$

größer als das Auflösungsvermögen der leistungsfähigsten optischen Interferenzspektroskope, d. h. bei solchen Linien muß auf die direkte spektroskopische Messung der natürlichen Linienbreite verzichtet werden.

Ein sehr interessantes Beispiel für die Wirksamkeit der Formel (47.8) bieten diejenigen anomalen Terme der Erdalkalien (Abschnitt 26), bei denen die Summe der Anregungsenergien der beiden angeregten Elektronen größer als die Ionisationsenergie eines Elektrons ist. Dann besteht für das Atom die Möglichkeit, die Anregungsenergie der *beiden* Elektronen ohne Strahlungsemission zur Ionisation *eines* Elektrons zu verwenden, so daß ein Ion im Grundzustand entsteht und ein Elektron mit einer durch die Energiebilanz gegebenen kinetischen Energie davonfliegt. Die Wahrscheinlichkeit dieser Prozesse ist für manche Terme wesentlich größer als die Wahrscheinlichkeit, durch einen Strahlungsprozeß in den Grundzustand zurückzukehren. Das bedeutet erstens, daß ein in einem solchen Zustand angeregtes Atom gar nicht zur Ausstrahlung

---

[1] Auf den Faktor $2\,\pi$, um den die beiden Größen sich unterscheiden, kommt es zunächst nicht an. Tatsächlich führt die Gleichsetzung der Konstanten γ und $\gamma_m + \gamma_n$ zum richtigen Ergebnis.

gelangt, weil es schon vorher in Ion plus Elektron zerfällt. Von diesem Term ausgehende Emissionslinien werden also nicht beobachtet, und man kennt den Term nur als Endzustand von Absorptionsprozessen. Zweitens sind die entsprechenden Absorptionslinien kenntlich an einer außerordentlich großen natürlichen Linienbreite, da die Lebensdauer τ_n des oberen Zustands wesentlich kleiner ist als der für Strahlungsprozesse charakteristische Wert von 10^{-8} sec. Eine ganze Reihe der geschilderten *Auto-Ionisations*-Prozesse[1] sind experimentell am Fehlen von Emissionslinien und an der ungewöhnlichen Breite der entsprechenden Absorptionslinien nachgewiesen worden.

Auch abgesehen von diesen Fällen sind die in den Spektren normaler Lichtquellen gemessenen Linienbreiten immer wesentlich größer als die natürlichen. Das hat verschiedene Ursachen. Zunächst tritt immer eine Verbreiterung durch den *Doppler*-Effekt auf, da die strahlenden Atome infolge der Temperaturbewegung ganz verschieden große, von Null verschiedene Geschwindigkeiten in Richtung auf den Spektrographenspalt haben. Vor allem aber sind die Störungen jedes Atoms durch die

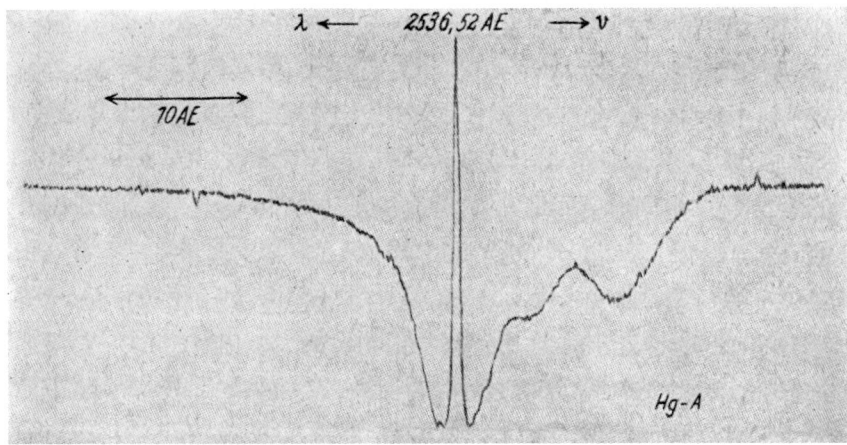

Abb. 80. Druckverbreiterung der Hg-Linie $\lambda = 2537$ Å. Hg-Dampf bei 400 °K in Argon. Photometerkurve einer Absorptionsaufnahme, Ordinate: Schwärzung der Platte. Die Absorptionslinie ist stark verbreitert, in ihrer Mitte dieselbe Linie in Emission aus einer Lampe mit niedrigem Druck. Die Absorptionsbanden auf der kurzwelligen Seite der Linie rühren von Pseudomolekeln her

übrigen Atome oder Molekeln der Lichtquelle·zu nennen, die sich in verschiedene Arten einteilen lassen. Die wesentlichen sind die folgenden:

1. Durch Stöße zweiter Art werden die Lebensdauern der angeregten Terme verkürzt, d. h. ihre Termbreiten vergrößert.

---

[1] Nach dem Entdecker völlig analoger Prozesse im Röntgengebiet auch *Auger*-Prozesse genannt.

2. Befindet sich im Augenblick der Strahlung ein Fremdatom ruhend in nächster Nähe des strahlenden, so müssen beide zusammen als eine in diesem Augenblick existierende Pseudo-Molekel aufgefaßt werden, deren Terme um die vom Abstand bestimmte (meistens sehr geringe) Bindungsenergie gegenüber denen des freien Atoms verschoben sind. Die Statistik über viele solche Pseudo-Molekeln mit verschiedenen Energien führt ebenfalls zu einer Verbreiterung.

3. Während der Abklingzeit des klassischen Ersatz-Oszillators vor-beifliegende Fremdatome ändern durch ihre elektrischen Felder während der Passierzeit die Phase des Abklingprozesses. Dadurch wird seine Spektralbreite vergößert.

Da alle diese Effekte mit der Zahl der Zusammenstöße, d. h. mit dem Druck zunehmen, faßt man sie auch unter dem Namen *Druck-verbreiterung* zusammen. Abb. 80 zeigt als Beispiel das Photogramm der Quecksilberlinie $\lambda = 2537$ Å, aufgenommen in Absorption. Die Hg-Dampf-Atmosphäre ist erzeugt durch Verdampfen eines Hg-Trop-fens in einem Absorptionsgefäß, das wesentlich mehr Argon-Atome als Hg-Atome je cm³ enthält. Die Verbreiterung wird also im wesentlichen durch die Argonatome bewirkt (Fremddruckverbreiterung).

Aufgabe 37: In Aufgabe 22 wurde das „Elektron im eindimensionalen Kasten" behandelt. Welche Heisenbergsche Unschärfe ergibt sich für $\Delta p_x \cdot \Delta x$ aus der dort berechneten Nullpunktsenergie $W_0 = \dfrac{\pi^2\,\hbar^2}{2\,m\,a^2}$?

Anhang

Die gebundenen Eigenzustände des Keplerproblems

Gegeben sei ein Einelektronsystem aus einem Kern (Ladung $Z\,e$, Masse m_{K_0}) am Ort $\mathbf{r}_K$ und einem Elektron (Ladung e, Masse m_{e_0}) am Ort $\mathbf{r}_e$. Dann ist $\mu = m_{K_0} m_{e_0}/(m_{K_0}+m_{e_0})$ seine reduzierte Masse, $\mathbf{r} = \mathbf{r}_e - \mathbf{r}_K = (r, \vartheta, \varphi)$ der Teilchenabstand und $a = 4\,\pi\,\varepsilon_0\,\hbar^2/\mu\,e^2$ der kleinste Bohrsche Bahnradius. Die Eigenzustände sind separierbar in einen vom Betrag $r = |\,\mathbf{r}\,|$ des Teilchenabstandes abhängigen (radialen) und einen von seiner Richtung (ϑ, φ) abhängigen (Winkel-)Anteil:

$$\psi_{nlm}\,(r\,\vartheta\,\varphi) = R_{nl}\,(r)\,Y_{lm}\,(\vartheta\,\varphi).$$

Die Kugelflächenfunktionen Y_{lm} sind mit BETHE definiert durch (20.24); die ersten dieser Funktionen sind ausgeschrieben gleich

$$Y_{00} = \frac{1}{\sqrt{4\pi}}, \quad Y_{10} = \sqrt{\frac{3}{4\pi}}\cos\vartheta, \quad Y_{1\pm 1} = \pm\sqrt{\frac{3}{8\pi}}\sin\vartheta\, e^{\pm i\varphi},$$

$$Y_{20} = \frac{1}{2}\sqrt{\frac{5}{4\pi}}(3\cos^2\vartheta - 1), \quad Y_{2\pm 1} = \pm\sqrt{\frac{15}{8\pi}}\sin\vartheta\cos\vartheta\, e^{\pm i\varphi},$$

$$Y_{2\pm 2} = \frac{1}{4}\sqrt{\frac{15}{2\pi}}\sin^2\vartheta\, e^{\pm i\,2\varphi}, \quad Y_{30} = \frac{1}{2}\sqrt{\frac{7}{4\pi}}(5\cos^2\vartheta - 3)\cos\vartheta,$$

$$Y_{3\pm 1} = \pm\frac{1}{4}\sqrt{\frac{21}{4\pi}}(5\cos^2\vartheta - 1)\sin\vartheta\, e^{\pm i\varphi},$$

$$Y_{3\pm 2} = \frac{1}{4}\sqrt{\frac{105}{2\pi}}\sin^2\vartheta\cos\vartheta\, e^{\pm i\,2\varphi}, \quad Y_{3\pm 3} = \pm\frac{1}{4}\sqrt{\frac{35}{4\pi}}\sin^3\vartheta\, e^{\pm i\,3\varphi},$$

$$Y_{40} = \frac{3}{8}\sqrt{\frac{1}{4\pi}}(35\cos^4\vartheta - 30\cos^2\vartheta + 3),$$

$$Y_{4\pm 1} = \pm\frac{3}{4}\sqrt{\frac{5}{4\pi}}(7\cos^2\vartheta - 3)\cos\vartheta\sin\vartheta\, e^{\pm i\varphi},$$

$$Y_{4\pm 2} = \frac{3}{4}\sqrt{\frac{5}{8\pi}}(7\cos^2\vartheta - 1)\sin^2\vartheta\, e^{\pm i\,2\varphi},$$

$$Y_{4\pm 3} = \pm\frac{3}{4}\sqrt{\frac{35}{4\pi}}\sin^3\vartheta\cos\vartheta\, e^{\pm i\,3\varphi}, \quad Y_{4\pm 4} = \frac{3}{8}\sqrt{\frac{35}{8\pi}}\sin^4\vartheta\, e^{\pm i\,4\varphi},$$

usw.

Die radialen Eigenfunktionen (20.27/28) für gebundene Zustände sind explizit gegeben durch

$$R_{nl}(r) = 2^{l+1}\left(\frac{(n-l-1)!}{(n+l)!\,n}\right)^{1/2} N\, e^{-y}\, y^l \sum_{\alpha=0}^{n-l-1}\binom{n+l}{2l+1+\alpha}\frac{(-2y)^{\alpha}}{\alpha!}$$

mit den Abkürzungen

$$N = \left(\frac{Z}{na}\right)^{3/2}, \quad y = \frac{Zr}{na}.$$

Die ersten dieser Funktionen sind:

$$R_{10} = 2N\, e^{-y}, \quad R_{20} = 2N(1-y)\, e^{-y}, \quad R_{21} = \frac{2}{\sqrt{3}}N\, y\, e^{-y},$$

$$R_{30} = 2N\left(1 - 2y + \frac{2}{3}y^2\right)e^{-y}, \quad R_{31} = \frac{2\sqrt{2}}{3}N\, y\,(2-y)\, e^{-y},$$

$$R_{32} = \frac{4}{3\sqrt{10}}N\, y^2\, e^{-y}, \quad R_{40} = 2N\left(1 - 3y + 2y^2 - \frac{1}{3}y^3\right)e^{-y},$$

$$R_{41} = 2\sqrt{\frac{5}{3}}N\, y\left(1 - y + \frac{1}{5}y^2\right)e^{-y}, \quad R_{42} = \frac{2}{\sqrt{5}}N\, y^2\left(1 - \frac{1}{3}y\right)e^{-y},$$

$$R_{43} = \frac{2}{3\sqrt{35}}N\, y^3\, e^{-y}, \quad \text{usw.}$$

Namen- und Sachverzeichnis

Bemerkung zum Maßsystem

In diesem Buch wird im internationalen Einheitensystem (SIU = Système International d'Unités, in der Bundesrepublik seit dem 5.7.1970 durch Gesetz eingeführt) gerechnet. Von den Empfehlungen des SIU wird hier *nur beim Begriff des magnetischen Momentes abgewichen*, das im SIU durch die Gleichung (W = potentielle magnetische Energie)

$$W = \mu^+ B = \mu^+ \cdot \mu_0 H \quad [Am^2] \cdot [T \equiv Vsm^{-2}],$$

in diesem Buch durch

$$W = \mu H = \mu^+ \mu_0 \cdot H \quad [Vsm] \cdot [Am^{-1}]$$

definiert wird. Es gilt also für alle magnetischen Momente die Beziehung

$$\mu = \mu_0 \mu^+,$$

mit der alle Gleichungen des Buches leicht auf SIU umgerechnet werden können. Die Werte für das Bohrsche Magneton und das Kernmagneton sind in der Tabelle auf der 2. Umschlagseite nach beiden Definitionen angegeben. Weitere Angaben zum Maßsystem (auch zum CGS-System) siehe in „Einführung in die Festkörperphysik II", Heidelberger Taschenbücher, Bd. 34.

Energie-Umrechnung

Die Energie W der Energieniveaus wird angegeben in Wattsekunden [Ws] $\equiv$ Joule [J] oder Kilokalorien [1] [kcal]:

$$1 \text{ Ws} = 1 \text{ J} = 10^7 \text{ erg} = 2{,}39006 \cdot 10^{-4} \text{ kcal}_{th}.$$

In der Spektroskopie ist es üblich, statt der Energien die Frequenzen $\nu = \dfrac{W}{h}$ oder die Termwerte $\tilde{\nu} = \dfrac{W}{hc}$ anzugeben. Die Umrechnungsfaktoren sind

$$\frac{W}{\nu} = h = 6{,}6219 \cdot 10^{-34} \text{ J/s}^{-1}$$

und

$$\frac{W}{\tilde{\nu}} = hc = 1{,}98648 \cdot 10^{-23} \text{ J/cm}^{-1}.$$

---

[1] Es wird die thermochemische Kilocalorie $kcal_{th}$ benutzt, die etwas kleiner ist als die Kilocalorie $kcal_{IT} = 1{,}00067 \; kcal_{th}$ der Internationalen Dampftafelkonferenz.

Für Stoßversuche rechnet man die Energie vernünftigerweise in Elektronvolt [eVolt] und gibt die Spannung U [V] an. Aus

$$W = e\, U$$

folgt der Umrechnungsfaktor

$$\frac{W}{U} = e = 1{,}60219 \cdot 10^{-19}\ \mathrm{J\,V^{-1}}\,.$$

Im Fall thermischer Anregung benutzt man die thermische Energie kT und gibt die absolute Temperatur T [K] an. Aus

$$W = kT$$

folgt der Umrechnungsfaktor

$$\frac{W}{T} = k = 1{,}38062 \cdot 10^{-23}\ \mathrm{J/K}\,.$$

Bei der Berechnung thermochemischer Daten aus dem Termschema der beteiligten Atome rechnet man im kalorischen Maß und bezieht statt auf eine Molekel auf ein Kilomol Substanz. An die Stelle der Termenergie W tritt also die Wärmemenge je $\mathrm{Mol_n}$

$$Q = N_{Ln}\, W = W \cdot N_{Ln} \cdot 2{,}39006 \cdot 10^{-4}\ \mathrm{kcal_{th}\,J^{-1}}\,,$$

und der Umrechnungsfaktor ist

$$\frac{Q}{W} = 1{,}43933 \cdot 10^{23}\ \mathrm{cal_{th}\,mol_n^{-1}\,J^{-1}}\,.$$

Die magnetische Energie eines Elektrons in einem Magnetfeld der Stärke $B = \mu_0\, H$ ist gegeben durch

$$W = \mu_B\, H = \mu_B^+\, B\,.$$

Bei magnetischen Untersuchungen wird oft nur der Wert von B [$\mathrm{T = Vsm^{-2}} \triangleq 10^4\,\mathrm{G}$] angegeben. Der Umrechnungsfaktor ist

$$\frac{W}{B} = \mu_B^+ = \frac{\mu_B}{\mu_0} = 9{,}27410 \cdot 10^{-24}\ \mathrm{J/T}$$
$$= 0{,}927410 \cdot 10^{-24}\ \mathrm{J/kG}\,.$$

Mit Hilfe dieser Beziehungen ergibt sich die folgende Umrechnungstabelle (Zeichen $\triangleq$ lies „entspricht"):